10年人生

整理术

10年先を考える女（ひと）は、
うまくいく

［日］有川真由美 著

杨媛 译

人民东方出版传媒
People's Oriental Publishing & Media

东方出版社
The Oriental Press

图书在版编目（CIP）数据

10年人生整理术 /（日）有川真由美 著；杨媛 译. — 北京：东方出版社，2018.2
ISBN 978-7-5060-5091-3

Ⅰ.①1… Ⅱ.①有… ②杨… Ⅲ.①女性－成功心理－通俗读物 Ⅳ.①B848.4-49

中国版本图书馆CIP数据核字（2017）第102304号

10-NENSAKI WO KANGAERU HITO WA UMAKU IKU
Copyright © Mayumi ARIKAWA
First published in Japan in 2013 by PHP Institute,Inc.
Simplified Chinese translation rights arranged with PHP Institute,Inc.
Through Hanhe International(HK) Co.,Ltd.

本书中文简体字版权由汉和国际（香港）有限公司代理
中文简体字版专有权属东方出版社
著作权合同登记号 图字：01-2017-2819号

10年人生整理术
（10 NIAN RENSHENG ZHENGLISHU）

作　　者：[日]有川真由美
译　　者：杨　媛
责任编辑：柳　媛　王　端
出　　版：东方出版社
发　　行：人民东方出版传媒有限公司
地　　址：北京市东城区东四十条113号
邮　　编：100007
印　　刷：三河市金泰源印务有限公司
版　　次：2018年2月第1版
印　　次：2018年2月第1次印刷
印　　数：1—5 000册
开　　本：880毫米×1230毫米　1/32
印　　张：8
字　　数：134千字
书　　号：ISBN 978-7-5060-5091-3
定　　价：42.00元
发行电话：（010）85924663　85924644　85924641

前言
现在全力以赴，未来阳光恰好

我想要说的是，这本书的内容对于你的未来非常重要。同时我相信，这些内容大部分女性从未接触过。

本书还涉及一些比较尖锐的话题，必要时你也可以把这些内容视为一张处方。为了能够更好地度过未来的 10 年，我希望你可以从现在开始吸取生活中的点滴智慧，为自己的未来储备好能量。

如今的日本社会，充斥着对未来的悲观情绪。相当数量的人惧怕失败，为了避免失败畏首畏尾，绝不肯让自己面对任何有风险的选择。

未来，真的会有什么危险存在吗？绝不是这样！

面对未来，最乐观的做法，就是勾勒出自己想要成为的样子，想想自己这样做会怎样，自己如何做才能实现自己的愿望，一步步向前努力，接近自己的梦想。

展望 10 年，你会发现当下你最应该去做的事情。

考虑未来的 10 年，为了实现目标而前进的人与那些不思未来懒散度日的人相比，也许现在的差距并不大，但是在迈向未来 10 年的路途上，他们之间的差距将越拉越大。

当然，在这里我希望各位能够明白，并不是说只要乐观地憧憬未来就能将未来掌握在手中，而是在乐观憧憬的同时，考虑到随时可能出现的变数，并为此做好充分的准备。

也就是说，我们不仅要考虑到一些正面的情况，也要预先想清楚那些可能出现的陷阱或危险。有了心理准备，我们才能理顺前进的道路，大胆迎接挑战。

面对未来，有所准备并不是出于悲观情绪，而是为了让自己面对未来时更加游刃有余，让自己在未来的生活中能够做到真正意义上的"乐享"。

算起来，我辞去工作，为了写作事业决心"闯荡"东京是十几年前的事情。

"10 年后的我，会做什么呢？"那时的我为自己的未来做打算时，想到的是，有 10 年时间的话，我应该可以向前走很远（积累很多有用的经验），那就从现在开始行动吧！

对于那时的我来说，并没有什么确切的迹象表明我的未来可以走得很顺利。

离乡背井，去往一个熟人都没有的大都市，这意味着我将面临生活的风险和挑战。我的能力究竟如何，能不能在东京生存下去都是未知数。但我始终相信，只要把眼前的事情一件件做好，哪怕需要花一些时间，终会到达自己梦想的彼岸。

"现实生活哪有那么容易""到了这个年纪是不是应该安定下来了"……那些关心我的人们纷纷以这样的理由来劝阻我。然而，我始终都以一种惊人的乐观心态看待自己的抉择，认为自己一定会有所成就，就这样迈出了改变的第一步。

之所以能够勇敢前行，是因为我一直都在鼓励自己，"我绝不会落到活不下去的境地""大不了就从头再来"。在这种自我鼓励的背后，是我对随时可能出现的各种风险的预料。

你可以乐观地为未来的人生描绘美好蓝图，但是也要对未来前进路上的种种风险有所觉悟。唯有如此，10年后的未来才会一片光明。

生在这个时代，每个人都面临着无数的抉择。对我们而言，这无疑是难得的机遇。

因为我们不必将未来寄托在别人身上，我们可以凭借自己的意志开拓自己的人生道路。

请从现在开始，在通往未来10年的道路上，享受自己成长与改变的过程，且行且珍惜！

有川真由美

目录

生活

工作

○

婚姻

○

家庭

○

生存能力

○

后记

242

生活

未来怎样生活
其实这是大家都会有的烦恼

"该怎样去生活呢？"

每个人在自己的一生当中都会反复纠结这个问题。

我也不例外。

说来惭愧，二三十岁那会儿，我对自己未来的人生一片迷茫。自己该朝着什么方向前进，自己会些什么，自己想要做的究竟是什么……这些问题之于我，全部都是未知数。

20 岁出头的时候，我以为日后做个全职太太就够完美。在我看来，只要工作到结婚就算是功德圆满，所以择业时我选的尽是一些导购之类的轻松的、更像是临时工的工作。

不幸的是，那个与我订好婚约的男人一夕之间就音信全无。跌入悲伤深渊的我痛定思痛，认为在这个世界上最不靠谱的事情就是对别人托付终身。

"既然如此，何不选择一种独立自主的生活方式呢？"在这种想法的驱动下，我成了一间衣料品店的店长。

但是，在这个以男性为中心的体育用品公司里，我勤勤恳恳地工作了五年，却最终因为超负荷工作以及持续做中层管理的压力而辞职。

当30岁的我决定再次走入职场时，却猛然发现一个非常大的问题——我没有任何一种能够在社会上通用的一技之长。虽然在之前工作的那家公司里我被提拔成了店长，我的工作业绩也得到了认可，但我却没有任何一种资格或者可以被称为经验的东西。我意识到当我再面对求职面试的时候，我没有任何资本能够对 HR 自信地说出"我可以"。

因此，我决定掌握一门无论去哪里都可以用得上的实际技能。我自学掌握了摄影技巧，并以此为武器成为了地方报社的特约记者。

"以后就可以稳定了。可能的话让我一直工作到退休就好了。"就在我对未来想入非非的时候，白日梦却突然醒了——因为公司的经营状况，所有的临时职员最长只能签约五年。

我终于明白所谓的"非正式职员"，根本就是处于随时都有可能被炒掉的位置。由此，我切身体验到了那种非某个组织的正式成员所要承担的风险。也正因此我萌生了一个念头，既然我已经承担了不安定因素带来的风险，何不就此体验一下自由自在的生活，试试自己究竟能有多大的能力呢。就这样我突发奇想地来到了东京，决心成为一名自由作家。

为什么我一直都会有各种各样的烦恼呢？

我一直在想，为什么我在这样漫长的岁月里，一直栽跟头，找不到适合自己的生活方式呢？而且我突然意识到，其他的大部分女性会不会也有着类似的烦恼呢？

大多数女性都有着各种各样的苦恼，这些苦恼既涉及工作，也涉及家庭。"是以事业为中心，还是以家庭为中心呢？""是勤奋工作不断上进，还是轻松工作享受生活呢？""是生完孩子再出来工作，还是事业有成之后再生儿育女，事业家庭兼顾呢？""是独自生活还是和父母同住呢？""怎样教育孩子才好呢？""怎样照顾父母才好呢？"等等。

眼前有太多各种各样的选项，每一个好像都不错，每一个也好像都挺麻烦。"有人选择这样生活，但有人选择了那样的生活好像也不错。"太多的现实干扰了我们的选择。大千世界中的千百种事物让生活方式细化得越来越复杂，却没有一个现成的模板可供我们参考。

像被人逼问着"差不多了吧？时间快到了，你最终的答案是什么"一样，我们被迫做出了一个又一个的选择。

　　说到这里，可能有人会对我的看法有所不屑，选择多难道不是一件好事吗？问题是，人们在面对多个选择时，通常都会思维混乱进而出现选择障碍。

　　在我看来，要想解决我们女性所烦恼的问题就首先要弄清这些问题形成的时代、社会背景是怎样的。下面，我就首先从这个问题开始说起吧。

为什么生活如此不如意

想要自由却始终不得自由

要认清现在和将来，我认为有必要首先回顾一下过去。

在我母亲和祖母生活的那个年代，女人的选择范围并没有那么广泛。

日本经济高速成长期结束以后，尽管经济泡沫已经破灭，但女性生存的王道依然是结婚走入家庭，相夫教子。这种生活方式不仅获得了女性的认同，更是整个社会的普遍共识（当然也有少数持有不同价值观的人存在）。

20多年前，有一句揶揄女性的话叫作"女人就是圣诞蛋糕"。何出此言呢？24岁前的姑娘年轻貌美，是抢手货；一旦过了25岁，要是自己不降低对结婚对象的要求那就根本嫁不出去。所以，"圣诞蛋糕"这个比喻还真是贴切啊。

说出来可能会让现在的姑娘们笑话，包括我本人在内，我们那个时候的女人真的会为"嫁不出去怎么办啊？""快30岁了还在公司上班是不是特丢脸啊？"这些问题忧心忡忡。

进一步来说，在我母亲生活的年代（大概 50 多年以前），相亲结婚的比例远远超过自由恋爱结婚的，大部分人都是见过几次面之后就订了终身。据说，（日本）自由恋爱结婚的人数首次超过相亲结婚的人数是在 1965 年。在更早之前，奉父母之命成婚，然后痛哭流涕送丈夫上战场的情况屡见不鲜。

这些话说起来像是很久之前的事，但是实际上也不过就是几十年前的事情而已。那时候的女人在"大家都是这样过来的，你也应该一样。要不然你怎么生活下去呢？"的压力之下，别无选择，自然就走上了别人为自己安排好的人生轨道。

在选择那样少的情况下，不用考虑太多，默默遵从整个社会的规则去生活其实也挺简单的吧。

随着时代的变迁，现在的女性从所归属的社会集团中、从束缚着自己的各种价值观中解放了出来，在她们看来，无论选择怎样的生活方式、怎样的价值观都是可以的，那干脆就按照自己喜欢的方式生活好了。选择生活方式也更随性了。

这样一来，虽然是更自由了，但是不是活得也要更卖力呢？

换言之，是不是活得也更艰难了呢？

　　如今的女性看起来好像自由了很多，但是现实却并非如此。可供女性选择的道路上依然遍布障碍，做各种选择都可能碰壁，并不能自由按照自己的意愿行事。

　　虽然总听人家说"按照你喜欢的方式生活就好"，但是无论是社会制度还是性质都没有从根本上发生转变。表面上我们好像获得了自由，实际上却有各种各样的牵绊与我们如影随形。

　　"身为一个女人，这样做行吗？""这样做好吗？"世间的氛围、公司的氛围、家庭的氛围，不都像是在逼迫着我们审视自己的选择吗？

　　另一方面，社会上也有这样的潮流，认为现如今的时代是不分男女的，无论男女都应该自立。这也让女性为究竟如何生活才好而不知所措。

　　看起来好像各方面都很自由，但是无论是女性的意识还是生活方式，其实一点都没有让我们变得自由。被那些看不见的东西所限制而引发的矛盾让我们更加烦恼。

　　这种感觉，就好像在伸手不见五指的暴风雪中前行，明明深陷于积雪中的双足已经不听使唤，明明无法确定前路，却还一直想着"朝这个方向走下去应该可以吧？"而努力前行。我这样举例，应该不算言过其实吧？

　　至少我自己就是这样认为的。

　　我们一边不断地自问"我该怎样生活才好"，一边在前无古人的道路上拼命开拓属于自己的道路。

　　有的人认为自由的选择就是为了让我们体会人生的乐趣，从而欣然接受，敢于挑战人生；也有的人认为人生原本就充满苦难因而产生退缩情绪。这两种人在 10 年之后就会拉开很大的差距。

　　那些不认真考虑就做出决定，或者总是将选择权交给别人的人也很有可能出错，之后想要补救却毫无办法。

　　无论怎样，如今的日本女性都身处于急剧变化的时代当中。

　　生于这个时代，我们首先应该认识到，我们的宿命首先是把握自己的人生。

　　也就是说，自己要思考自己的命运，自己为自己做出选择。

　　有了选择，之后就勇敢地由自己来承担任何结果吧。

为自己营造安全感
创造能让自己安心的场所

"生存维艰"。生而为人，求职艰难，工作辛苦，结婚困难，养儿操心，养老不易，老来更是生活艰辛。所以才会有那么多人感慨"生活艰难"吧。

我们女性在选择个人的生活方式方面有了更大的自由，各种各样的生活方式也逐渐得到了人们的认可。这固然值得庆幸，但与此同时，我们也要因此而背负起这样那样的人生责任。

生活艰难的其中一个原因，大概就是很难从周围的人们那里得到对自己生活方式的支持吧。

从前那种一边嘴上埋怨着你，一边照顾你、替你收拾残局的家庭、学校、社会模式有所改变，会为了尊重个人而拉开一定距离。

"尊重"这个词听上去很好，但是细想来却有一些躲避责任的意味。举例来说，从前孩子们在公园玩耍时，附近的邻居看见了也会从旁照看一二，有时甚至还会训斥孩子几句。如今，为了躲避责任，这样愿意照顾别人家孩子的人越来越少了。除此之外，从前的企业招聘了应届毕业生之后会委托一些老员工对他们进行培训，而如今的企业却不愿意招聘没有经验的新人，为了提高工作效率，他们更愿意找派遣制员工来工作。

在人与人紧密联系的整个社会体系中，人们不再愿意相互守护，个人开始面对更大的风险，更容易遇到各种令人防不胜防的情况。

无论是提前为风险做出准备还是遇到风险之后进行善后，我们能依靠的人只有自己。我们必须要提前确立一个价值观，那就是我们一定要为自己负责。不管是选择怎样的教育，怎样的工作，怎样的赚钱方式，怎样的结婚对象，怎样的生活方式，我们都必须对自己的选择负责。

在这样充满不安感的大环境中，越来越多的人开始追求安全感，找寻值得信赖的人和事，寻求一份有约束力的保障。

基于此，人们会尽可能地选择更为稳定的工作环境和更为可靠的结婚对象。不明白怎样才能生活得更安定，就无法跟上人们统一的步调。在这样的背景下，即便被人鼓励着追求自由的生活，人们也还是愿意规避风险寻求稳定，甚至为了所谓稳定退缩不前。

正因为生活环境的不稳定，所以我们拼命想抓住任何能让我们感觉到安心的东西。然而遗憾的是，追求所谓"可以令自己安心"
或"可以让自己信赖"的生活方式也许会一无所获。

为什么这么说呢？因为这个世界上根本就没有现成的"安心"
和"信赖"。

白云苍狗，世事变迁，在这个瞬息万变的时代里，令人不安的
事情越来越多，特别是在全球化加快的今天，各种各样的价值观竞
相出现。在这样的时代背景当中，个人所能寻求到的稳定和保障几
乎没有。

但是，我们可以靠自己的努力和周围的人建立起"信赖"的
关系。

这其中最重要的一点就是，我们不能只做单纯的接受者，还应
该主动积极地承担起相应的责任来。只要被给予的同时也努力给予，
就一定可以积累起"信赖"来。

无论是工作、结婚，还是维持正常的人际关系，单方面追求的
信赖是不成立的。只有相互善待，彼此接纳，才能保持一种平衡的
关系，才能将双方紧密联系在一起。

人们不仅在工作、金钱等物质方面需要相互联系，在爱情、安
全感、喜悦以及满足感等心理层面上也需要相互联结。彼此守望相

助，才能创造出一个可以带给人安全感的环境。

也就是说，我们必须靠自己才能创造出一个让自己有安全感的环境。

自由将我们带离了束缚，同时自由也会让原有的社会安全网消失。

想要筑起社会安全网只能靠我们自己。拥有了选择方面的自由，我们更需要的是"自立"。

"现在这个社会真是麻烦，还是过去的日子好啊……"也许很多人都在带着这样的念头追忆过去。

曾经的时代有好的一面，自然也有不甚理想的一面。对我来说，即使有再多问题存在，我始终都从心里认可如今这个时代，始终认为问题的出现是基于自己的选择。我是绝不愿意回到女性被比喻为"圣诞蛋糕"的那个时代去的。在这个时代里，想要追求什么只要自己伸手就可以获得相应的人脉和信息。还有哪一个时代像当下这样充满了各种机遇吗？

不久前，一位周游世界的文化与人类学家做了一个关于自己旅行的演说。他说："有一种旅行方式是团体旅游。这样的旅行方式由始至终都会保障旅行者的安全。在这样的旅行中，我们可以在游山玩水的同时感受到那种他人的精心安排带给我们的感动。与这种旅行方式不同，个人旅行更关注的是行程本身。虽说人生本是一段孤独的旅行，但人们更想要的其实是有人陪伴着一同上路吧？"

在我看来，短期的旅行与人结伴步调一致尚且可以忍受，但如果为了获得安全感和保障，将自己的一生都固定在一种模式里却并不可取。哪怕会遇到一些困难，去自己想去的地方，吃自己想吃的东西，这样的旅行不是会更加有趣吗？

探寻自己的诉求，发掘自己的能力，享受这个过程，人生才会更加精彩。

不得不知的七个陷阱
为今后的人生早做打算

    女性在 30 岁左右的时候最容易迷失自己的人生方向，所以在这个时候考虑换工作是非常需要勇气的。

    在我做衣料品店店长的时候，繁重的业务压得我身心俱疲。我觉得再这样下去就没有未来了，为此毅然辞掉了工作。辞职容易，然而辞职后的一段时期里，我总觉得自己像是无根的野草，心里充满了忐忑不安的情绪。

    在那段时间里，尽管我努力想找到工作，却一再求职碰壁。在屡战屡败的境地中，我改变了想法，觉得自己找工作之前还不如先给自己找一个一辈子的"饭碗"。对，既然这样那就结婚好了。

    然而，一时的头脑发热过去后，我又开始冷静思考人生。我真的愿意结婚吗？不，我可不想就这样度过自己的一生。如果不趁着现在确定自己想要的人生，那以后情况会如何就不得而知了。于是，我努力回归了工作，在从早到晚的辛勤工作中，日子一天天流逝着。

就这样，等我在某一天忽然意识到需要结婚生子时，我才发现，年龄所带来的障碍要比我想象的大得多，想要找到合适的人嫁出去并不是一件容易的事情。

想要避开一些风险，却无意中落入了另一个充满危险的境地。

对女性来说，真是找不到一条可以安然无忧的人生道路啊！

无论朝着怎样的方向前进，前路似乎总有未知的陷阱（风险）在等待着我们。

那么，到底都有一些怎样的风险呢？我大致归纳了一下，对于日本女性来说，人生道路上大概有这样七种特殊的风险。

（1）一些女性就职的企业要求她们像男职员一样百分之百投入工作，因此当结婚、生子、赡养老人等事情出现在她们面前时，继续工作会变得异常辛苦，她们需要被迫在工作和家庭之间做出选择（难以继续工作的风险）。

（2）一些女性不愿做辛苦的、复杂的工作，选择的尽是一些轻松简单的工作，也因此得不到任何经验技能方面的提升，永远只能拿较低的工资（低收入风险）。

（3）一些女性在进入家庭之后，即便想要在空余时间里重新工作，也会因为缺乏工作技能和相应的资格证而难以就业（难以再就业的风险）。

（4）一些女性将工作放在个人生活之前考虑，因此错过了结婚生子的最佳时机。此外，她们还会因为压力和过劳而患上一些女性特有的病症或抑郁症（巨大的工作压力带来的风险）。

（5）一些女性选择兼顾事业与家庭，然而，一旦她们得不到家人及工作单位的理解与协助，她们会在精神和肉体双方面都承受巨大的痛苦（家庭事业难以兼顾的风险）。

（6）一些女性希望成为公务员或大企业职员，有一份稳定的工作，同时希望能够实现事业与家庭兼顾，但是一旦遭遇工作不顺、职权骚扰、职场冷暴力、同事间恋爱或丈夫工作调动等难以预料的情况时，很容易就会失去工作（难以有所归属的风险）。

（7）一些女性选择成为家庭主妇之后，家庭和人生完全被丈夫的工作状况所左右。当丈夫生病、失业或夫妻感情不睦需要离婚时，这些女性所面临的风险会更大（成为家庭主妇后的风险）。

以上这些情况如果再进一步细分的话，还可以分为更多的情况。我们谁都不能肯定地说自己一定不会遇到这些情况。所以，在这里我希望大家能够明白的是，我们为了规避这些风险应该注意些什么。再进一步说，为了彻底杜绝这些风险的发生，我们需要了解哪些东西。

从某些层面上来说，日本社会的一个特点就是很难给予人们第二次机会。因此，千万不要轻易地认为自己在工作或婚姻方面失败了也没什么关系。有些时候我们很容易就陷入既看不到希望，又迈不出步子的境况中去，四面碰壁，进退维谷，只能抱残守缺。再或者，就像我一样，想要躲开一些风险，却又使另外一些风险"找上门来"。

在我看来，大部分日本女性的生存现状都令人担忧。她们既对未来感到不安，又正身处于高风险的生存境况当中。

对一件事情过于执着或者将生活的希望寄托在他人身上，这样的生活方式在10年后或20年后一定会让自己陷入更为缺乏安全感的境地。那些"非此不可"或"必须如此"的想法会将我们彻底逼入危险重重的死角当中。

我说的这些可能稍微有些吓人，但这些内容却必须要唤起我们的重视。

很多女性正在探索前所未有的生活方式的道路上艰难跋涉。那么首先，请将自由选择人生与有效回避风险联系起来考虑。然后，为了自己的未来采取一些行动，为自己今后的人生积蓄智慧和力量。

如果还没有明确今后的人生道路，那么你可以一边行动一边认真思考。

现在播下的"种子"，10 年后将开花结果。未雨绸缪，不要在 10 年之后再为今时今日的决定后悔。

事事顺利的两个要点

不是努力就能幸福

37 岁那年，我决心只身前往东京，成为一名自由作家。

在开始写作前，我花了两年时间，投入了全部积蓄，开始环游世界。

在我看来，抱着和年轻人抢饭碗的态度去工作是不会有未来的。在开始写作之前，我一直都坚信只要我有自己看问题的独特视角，工作一定会手到擒来的。

在写作步入正轨之前的那两年时间里，我还作为短期派遣员工做过不少工作：在配送公司分拣快件，在工厂流水线上干活，做服务生、电话业务员、秘书、时装模特……在这期间我也曾被斥责、嫌弃，唯一支持我的，就是那微小的"我一定可以摆脱这种生活"的希望和"我有我的活法"的骄傲。

有一天，我忽然想到，大概没有人比我经历过更多的工作环境了吧？我何不把从中得到的收获写下来，写一本女性在任何工作环境中都用得上的"女性职场法则"呢？就这样，我开始了书的创作。

刚开始写作时，我就像一个不会水的人在水里瞎扑腾一样完全不得要领，渐渐地，我又像掌握了游泳技巧的人一样有了如鱼得水之感。只要一想到我那些复杂的职场经历会对别人有所帮助，我就会马上文思如泉涌，下笔如有神。

从作家的角度来看，写作还需要掌握更多东西。想要更细致地研究职业女性，我还需要进一步的学习。为此，我去了台湾留学，读了研究生，在大学里学习、做演讲……就这样，10年一晃而过。

这样看来，10年时间说长也长说短也短。如果这段时间用来学习更多东西，为自己扩展出更大的可能，那么这段时间将会过得非常有充实感。

有一些人一直以来努力却得不到回报，一腔热情全都付诸东流。但是，也许忽然有一天，他们的生活就会发生改观，个人的努力会换来相应的回报。为什么呢？是因为他们可以做到的事情和一直追求的事情之间画上了等号，实现了对接。

然而，总有一些人无论怎样努力却始终一无所获。

日本女性一直热衷于学习英语，考取各种资格证，提升自己各方面的能力……然而，这些努力是否能够帮助自己实现目标呢？未必如此。

想要在现代社会里顺利地生存下去，有两个要点是我们必须知道的：首先，了解自己；其次，了解这个社会的规则。

也就是说，如果弄不清楚这两点，那么你就不会明白该向哪个方向努力，该把精力放在哪里。了解自己，就是找到自己擅长的方面，知道自己会做什么，可以做什么。

不了解自己的人很容易人云亦云，为了寻求安全感而盲目从众或者到处参加那些"心灵鸡汤"讲座。他们的目的是按照普适的价值观顺利生活下去，结果却在这个过程中迷失了自己。

想要了解自己，关键是认清眼前的状况。

从自己目前的生活中，找到自己能做的、乐于接受的东西。然后，努力做好被安排到自己身上的工作。哪怕再小的工作，我们也要用心去做，泡好一杯茶，分析好一项数据，设计好一份企划书……尽可能发挥自己最大的才能，尝试做好每一份工作吧。

在小事上的尽职尽责会为我们带来周围人的褒奖，也会为我们带来担当大任的机会。

找不准自己的位置时，不妨听听他人对自己的看法，这会有助于我们了解自己是怎样的人，具备哪些能力以及还需要在哪些方面进行拓展。

除了了解自己，我们还需要了解这个社会的规则。知道这个世界需要什么，我们才能有效发掘出自己挑战人生的方法。

一个人即使再有能力有才华，如果不够了解现代社会的一些基本原则，那么他也不会得到机会施展自己的才华。

人生之路上处处暗藏陷阱。预先想到哪里有可能存在陷阱才能准备好对策避开这些陷阱。明确了这个世界的规则，遇到问题才能找到相应的解决方案。

无论是恋爱、婚姻、家庭，还是人际关系，其实都是有规则可循的。处理世间的各种关系时，不仅需要我们从自己的角度出发来看待问题，还需要我们从对方的角度或者从事情的全局出发来看待问题。唯有如此，才能有效保护自己。

我们生存的核心是寻求能让自己获得满足和愉悦的生存方式。以此为目的，我们要将了解自己与了解社会结合起来，寻求二者之间最有效的连接点。

想让未来的人生有所着落，那就不要放弃希望。希望会引导我们、支持我们为未来的人生而努力。

给无法看清未来者的建议
理解事物所具有的两面性

    正如之前所提到的那样，二三十岁那个年龄阶段的我在生活的道路上进退维谷，举步维艰。

    在处处碰壁的境况中，我一面接受打击，一面从失败中汲取教训，在这样的循环中不断修正着自己的人生轨迹。

    年轻时，我们可以凭着一时冲动做出决定、勇往直前，然后不断受伤，不断学乖，在跌倒中领悟生活的智慧和真谛。

    尽管我对自己曾经做出的选择并不后悔，但是说实话，我不认为我的这种生活方式够聪明，所以我也不打算将这些经验推荐给其他女性。到了现在这个年纪，我对很多事情也有了更深刻的见解。

    在生活的道路上，一旦落入危险之中想要挣脱出来就需要耗费大量的精力。而更为悲惨的莫过于想要挣脱却无法如愿。因此，做选择之时一定要慎之又慎。如果在当初做选择的时候，我的面前能站着一个现在的我，那如今的这个我一定会大声斥责当初的我："傻瓜！你好好想想做出这样的选择会有什么后果！"

很多女性总是在说"我无法看到未来"。

要不要在如今的公司里继续工作下去，要不要结婚，该不该生孩子，能不能自己一个人一直生活下去……未来的自己应该怎样选择，这些问题都让人迷惘。弄不清楚这个世界会发生怎样的改变，想不明白今后的人生会发生什么，在这样的心境中不敢向前，在原地徘徊中越来越不安。

整个日本社会的经济不景气状况在持续，在这种有些沉重的社会氛围当中，人们对未来的设想并不乐观，无法描绘出明朗的前景。我们能够感觉到，这种前路迷茫所造成的不安感已经影响到了整个日本社会。

我们在面临人生选择时，总是不愿意将风险也一并考虑进去。理由很简单，只是因为我们不愿意面对事物不好的一面。

人就是这样，只想自己愿意想的事情，只听自己愿意听的话，只看自己愿意看的事物。比起理性地直面自己不喜欢的东西，我们更愿意将自己不愿看到的部分遮掩起来。

所谓"风险"，就是可能会出现的危险。我们总是觉得，风险出不出现还是未知数，提前想对策也没什么用处。就拿结婚来说吧，有谁是在期望结婚的同时还会提前想好离婚时的对策呢？

但是，正所谓居安思危，要维持安定的生活，就要为随时可能到了的危机做好准备，在生活中多少保持一些紧张感。

比如，提前想好了"万一离婚自己该怎么生活""万一两个人中有一方病倒了该怎么办"等未来可能面对的风险，不仅有助于我们在真的面对这些情况时保持镇定，更有助于我们预先想好躲避这些风险的对策。

据说，很多企业的经营者都是如此，一方面竭力勾勒企业的美好前景，一方面也在心里做好最坏的打算。想要让企业顺利运转下去，经营者只考虑自己愿意考虑的问题是绝对不可以的。

让日本航空公司获得重生的稻盛和夫的人生哲学中有这样一句话："乐观构想，悲观计划，乐观执行。"

人生也是如此。想要负责任地经营好自己的人生，就要直面人生中可能出现的各种风险。

悲观地看待未来，就会发现其实没有什么是能让我们感到不安的。为什么这么说呢？随着我们勇敢地面对风险，我们同时也会获得自己想要的东西，守护住生命中重要的东西。

无论怎样的人生，风险都是与之共生的。对我们而言，重要的是正确看待一切事物身上所具有的两面性。

具备了这样的素质，我们才能淡定地对待人生道路上的一切事物，自信地沿着自己的轨道继续前进。

有了承担风险的觉悟，才能为自己的人生做出正确的选择。

工作

不以一时成败论英雄

要认识到自己一直在改变

从同一所学校毕业之后，女性朋友们各自找到了自己的工作。

即使两三年中一直都保持联系，即使关系很要好，你是不是也会感觉到你们生活的圈子已经完全不同了呢？

即便有着同样的学历，对于女性而言，随着毕业后选择的不同，生活水平或价值观就会发生变化。

比如，选择综合性职务还是一般职务，是成为正式员工还是成为劳务派遣员工，去大公司工作还是去中小企业工作，是和父母一起生活还是独立生活，就是面对这些问题时这样那样的选择将我们划进了不同的圈子。

再进一步说，结不结婚，要不要孩子，生了孩子是工作还是做家庭主妇等关于生活方式的选择，甚至于和怎样的人结婚，结婚对象家庭如何、亲戚如何，这样的与婚姻有关的选择，都会让我们的生活有所不同。

　　我的一个朋友告诉过我，她有一个家境不错的朋友曾经跟她说过这样一句话："以后等你结婚的时候可一定得找个跟我家老公经济方面差不多的男人哦，要不然我们俩以后可没法做朋友了。"

　　朋友自然觉得不忿，难道丈夫的收入也能轻易改变友情吗？但事实上，女人之间的人际关系非常容易因此而改变。

　　即使是作为独身者或者"妈妈友"，在她们根据各自立场结成的小圈子里，也会因为身处不同的收入阶层而影响彼此之间的亲疏程度。有很多人切身感受过那种不同生活层次之间存在的差别。这种差别存在于住什么地方，去什么样的餐厅吃饭，怎样度过假日，选什么牌子的化妆品或衣服，喜欢读什么样的女性杂志，通信贩卖的商品目录怎样等经济方面，甚至于和什么样的人交往，聊天时谈什么话题都在提醒他们"我和她们那些人有差别"。

　　在昭和①后期，大部分女性都选择二十多岁结婚生子，买房后进入"亿元中产家庭"。而如今的情况已经与当时完全不同，平成②时期的女性社会已经被划分成了若干层的"阶层社会"。

　　女性生活方式多样化的原因之一，就是从 20 世纪 80 年代开始，

① 昭和：日本天皇裕仁在位期间使用的年号，时间为 1926 年 12 月 25 日—1989 年 1 月 7 日。
② 平成：日本天皇明仁的年号，由 1989 年 1 月 8 日起开始计算直至现在。

伴随着世界经济的发展出现的"新自由主义"。

所谓"新自由主义"，就是政府放松对经济的管制，鼓励民间自由竞争，以此来发展市场经济。一些官方机构的民营化以及劳务派遣制员工的大量增加都是这种模式的发展所带来的结果。

这种自由式经济一方面使市场变得更加合理，更加具有活力，另一方面也导致在这个弱肉强食的残酷世界里，所有的一切都要由自己去面对、解决和承担，也就是所谓的"自我责任"。

20 世纪 80 年代以后，伴随着日本国内市场中日元的大幅升值，日本的制造业有步骤地转移到了国外。

在国内经济长期不景气的背景下，企业正式员工与非正式员工之间的差距逐步扩大，即使同样作为正式员工，大企业的职员和中小企业的职员之间也存在着很大的差距，这种情况加剧了整个社会的两极分化。在女性的正式职员当中，既有人因为认识到职场的残酷而努力工作，也有人因为工资太低而在工作上得过且过。无论是选择努力工作还是混日子，都是在现实环境的影响下不得不做出的选择。

像这样，在职场当中，也出现了严重的两极分化。只有一部分的企业管理干部或者掌握专门技术的人才能获得较高的收入，而除了这些人之外的劳动者们就像商品一样会遭遇各种"大甩卖"，被分为"畅销组"和"滞销组"。

在这样的环境之下，有很多人即使有着非常出众的能力，也只能在工作中领到非常低的薪水。

这样的状况持续下去，整个社会也同样会像美国那样出现非常鲜明的两种不同阶层，即只有很少一部分人非常富有，而大部分人都是低收入者。

也就是说，即便有人辩称社会差距的产生完全是由"个人责任"造成的，但事实上我们完全可以认为差距的产生并不仅仅是我们个人的原因，也同样是这种世界性的经济结构造成的，是不可避免的一种社会现象。

在这里我想告诉大家的是，无论是谁，都有可能因为自己的选择而陷入贫困。

如今已经不再是进入一流企业就可以高枕无忧或者嫁入豪门就能终身富贵的时代了，现代社会瞬息万变，朝不保夕的事情更是层出不穷。

很多在职场中积累了大量经验的女性总是说"因为我运气好才能做到这一步"。但是在我看来，是否能够顺利邂逅环境好的职场或者找到适合自己的职业，其实都可能源自一些非常小的机缘巧合。

我如果没有获得写书这样的小机会的话，那么说不定就无法从多年来困顿的自由写手的生活中抽出身来，说不定早就因为无法养活自己而放弃了写作。无论变成哪种情况，现在想来都觉得有些不可思议。

如今，非正式雇佣的女性员工中也不乏能力出众者，所以并不是说正式职员就能有多出类拔萃。同样，结了婚的女子和没有结婚的女子也并没有什么本质上的区别。

那么，区别在哪里呢？在我看来，就在于想象力的差距。

所谓"想象力的差距"，也就是自己未来会拥有怎样的想象能力的区别。如果认为"我能做到这种程度"，那你就能达到你所期望的程度。"说不定我也可以做到呢"，能这样想，就能为自己的生活生发出新的可能性。

认为自己做不到的事情，自然会断念而止步不前。只要有一点点的可能，就应该考虑着自己怎么做比较好而继续前行，从眼前可以做得到的事情开始着手努力去做。

大多数女性总是喜欢和周围的人做比较，从而反观自己的情况确定自己的位置，也因此而容易陷入种种不安当中。其实，我们不应该因一时的成败而亦喜亦忧，而是要用长远的目光看清自己想要的人生，拓宽自己对未来的想象，不让自己停下追寻理想的脚步。

为何我们应该如此呢？因为女性工作的时间其实比我们想象的要长得多。

和只有跳槽或结婚生活才会发生变化的男性相比，女性的生活中会面临各种变化和选择，比如入职、成为劳务派遣员工、做职场妈妈、再度学习充电、自己创业，等等。

选择机会的增多，也意味着女性可以更多地享受这个世界的种种乐趣。同样，这也意味着我们既有可能陷入贫困，也有极大可能慢慢恢复自己的经济能力。

如今，穷富就像只隔着一层纸，无论变成什么情况都不稀奇。

最重要的是，无论身处于怎样的情况，我们的目标都应该是对未来有着不变的想象力。

我们应该意识到变化是在不断发生的。如果总觉得自己是被动的，对未来的想象力自然会贫乏。不要总是想"什么什么是要求我做的"，而应该想着"我要做什么什么。好不容易有机会我应该怎样怎样"。这样对未来的想象才会更丰富。

无论现在正处于成功中或失败中，人生不到最后都不应该轻言胜负。

　　不要简单地就认定自己是失败者，也不要简单地就认定自己是"受害者"。总是说"要是公司景气就好了""要是社会变好就好了"的人，过分寄希望于外界，即便外部环境真的变成如自己期待的那样，他也不会从中得到任何好处。

　　我理想中的胜利，就是在人生的最后时刻，能够像一个尽情玩乐之后的孩子一样说出："我的人生做过各种各样的尝试，真是不枉此生啊！"

　　真正意义上的胜负，应该是不断向自己的人生发出挑战。

无论工作和结婚，并非"一个萝卜一个坑"

寻找"未来无限可能"或"适合自己"的那把"椅子"

高中时代的一位教导主任如今已经是母校的校长了，我曾和这位老师有过一次谈话的机会。

在那次闲聊的过程中，他说的一段话让我印象非常深刻。

"这个社会的差距从高中时期就已经开始了。高中时期成绩的好坏，会决定你们进入不同档次的大学，而大学的档次又会影响你们未来进入什么层次的企业工作。所以，你们要努力进入好一些的大学，这样毕业后才能进入好的企业，走一条相对稳定的人生之路。之前选错了路，想要中途回归正途是非常困难的；而一旦偏离了正确的道路，想要再次回归也非常不易。现在可是很难转运的时代啊！"

不会吧，从高中时代开始就要面对社会差距……这可真是让人倒吸一口冷气的论断啊。

的确，从一开始就奔着"稳定"这个目的找工作的话会比较保险。

　　对日本企业来说，他们要的是日后能成为企业核心的人才。因此，要进入这样的企业当然需要未雨绸缪。学生们为了能够以不俗的成绩进入企业，竞争早就达到了白热化的程度。不少学生都认为，只要能进个大企业就好，因此早早就为自己准备好了几十份简历。

　　这样看来，这种找工作的人生像不像那个名叫"抢椅子"的游戏呢？

　　在这个游戏中，几把椅子的周围围着一圈人，这些人绕着椅子转圈，在音乐声停止的同时去抢着坐这些椅子。一轮下来，一些人被淘汰掉，接着再减少几把椅子，再继续游戏，再淘汰掉一些人……像这样，游戏者逐个被淘汰掉，最后的幸存者屈指可数。

　　如此说来，不仅是找工作，连结婚也像是在做这个抢椅子的游戏。我曾在婚姻介绍所工作过，经常看见那种条件不错的男士身边围着一群女性的状况。收入高，工作稳定，外表不错，性格爽朗，人品不错……像这样人人都希望拥有的理想男人并不是很多。

　　而且，具备以上条件的男人对女性的要求也很高。

　　在竞争如此激烈的社会中，被别人用是否抢得到椅子来评价自己的价值，想来都让人觉得累心。

　　话虽如此，我却并没有觉得如今的年轻人可怜。原因我已经多次提过了，因为现在的年轻人可以有更多样的选择。当然，大家都想抢到既喜欢又舒服的"椅子"，这也是事实。

　　虽说大家都想抢到椅子，但是"现在虽然不称心，但过几年之后会变得舒服"或者"大家虽然觉得不舒服，但是对自己来说却挺舒服"的椅子却有很多。

　　就我个人经历而言，我觉得人多的地方胜算小，所以经过各种排除，选择的工作都是在中小企业里。

　　作为中小企业，会非常积极地招募那些半路出家的员工，因此被选中的概率非常高。要向新的领域发起挑战，自然也需要学习。在中小企业可能不需要熬太多年头就能被委任比较重要的工作，成为领导的可能性也很大。而在大企业里，即便你勤勤恳恳工作了20年以上，也有可能一下子就被炒掉。

　　在小企业里，时常会有由临时工变为正式员工的机会，被正式雇佣的概率较高。在小企业工作，有机会锻炼工作能力，拓宽自己的视野。

　　但是，在小企业工作，也会遇到劳动条件不好，长期劳动报酬不透明（也有极小的概率会遇到黑心企业）的情况。最好是考虑到比较幸运的情况，如经过几年时间心情变得舒畅或者辞职以后积攒了足够的经验。

　　30 岁出头时，我曾在一家小型 IT 企业里工作过。在做过社长秘书、经理、总务、营业等各种业务之后，我被提升成了部长。成为部长之后，我既要负责员工的招聘，同时还要负责对员工进行培训。这样一来，我就失去了学习企业经营方面知识的机会。

　　如果说我掌握了什么工作能力的话，那就是从一开始就能够以找到"舒服的椅子"为目标。在报社的招聘考试中，我能够突破 35 岁的年龄限制勉强合格的原因只有一个，就是我有过做摄影师的经历。在那个从胶卷相机向数码相机过渡的时期，能够用单反相机照艺术照的人非常少。

　　虽然我最后在报社工作了不到 3 年时间就辞职了，但在此期间，我在公司工作领着薪水的同时也学到了不少东西。不但锻炼了自己的摄影能力，而且做编辑和作家等工作扩大了我的工作范围，这才是我收获的最宝贵的财富。

　　像这样，在寻找"没人气却拥有可能性的椅子""适合自己的椅子"的过程中，就可以成为在那种环境中必需的人才，也能够掌握各种工作能力。

其结果就是，起初并没有舒服的椅子，为了让自己的椅子变得更加舒服，就必须让自己在工作的环境中发现自己能够做到的事情，成为不逊色的存在。

如今，只有日本的学生无比专注于求职。大家为了求职争先恐后，学业可以暂且搁置，出国留学也不那么积极。

无论在这个世界上的任何地方，什么经验能力都没有的年轻人找不到好工作那是理所当然的事情。很多学生都是在毕业之后经过几度跳槽，在转战职场的过程中学习各种经验，直到30岁左右才找到真正适合自己的职业。

在刚毕业的时候就挑战进入优秀企业当然好，但是如果没有成功，也完全没必要灰心丧气，认为美好的人生就此结束了。我能够这样如此坦然地劝解大家，也正是因为我就是在走了一大圈之后才终于发现了有趣的事业的。

现在，值得我们庆幸的是，以大企业为代表的多数企业都会为中途跳槽者提供更多的机会。在我的熟人当中，有人历经四次跳槽在30岁的时候成为了公务员；有人利用在汽车公司做过营业的经验在36岁的时候成为了大型广告代理企业的正式职员；还有人告别家庭主妇的生活一跃成为了企业正式员工……这样的例子太多了。

　　不去跟别人"抢椅子"，而是敢于开辟和常人不一样的道路，也许你会发现适合自己的椅子呢!

　　结婚也同样如此。没有哪一把椅子是从一开始就舒服的。顺便要说的是，我现在还没有找到自己的 Mr. Right，正在寻找适合自己的人，尤其欢迎二三十岁的哦（笑）。

工作方式两极化后谁得利？

不要被公司利用，要利用公司

最近，有个做劳务派遣业务的公司给我发来一封邮件。因为从前在这家公司注册过，所以这家公司时不时地会给我发来邮件。这封邮件包括以下内容："从 2012 年 10 月开始，为了保证雇佣市场的稳定，对《劳务派遣法》进行了修改。修改后的法律从原则上禁止了日结派遣用工，劳务派遣员工至少要签订一个月以上的劳动合同。以下几种职业经过认定可以进行日结派遣用工，包括软件开发员、收发员、翻译、陪同照顾人员等。可以被认定为日结派遣员工的人，年龄应当在 60 岁以上或家庭年收入 500 万日元以上，或者为从事副业的人以及学生等。"

做日结派遣员工需要满足 60 岁以上，家庭收入 500 万日元以上等条件，这样一来，符合要求的人能有几个呢？能够提供给大家的工作空间岂不是更狭小了吗？

我在做自由写手的日子里，当出版社的计划突然发生变动时，我也会不时做一些日结派遣员工的工作。

当没有需要写的东西时，我会在前一天给劳务派遣公司打电话，告诉他们我第二天有空，请他们给我派一些可以做的工作，平时我也会拜托他们让我做一些兼职的工作。当这种短期工作结束之后，我去劳务派遣公司领取报酬的时候，总会松一口气，觉得自己这些天又能活得下去了。正是因为有了日结派遣这样的工作方式，我那些年的自由写手工作才能得以继续。

记得一个深夜，我在配送中心做分拣工作时，在休息时间里跟一些和我同样是劳务派遣员工的大叔们聊天，了解到他们出来做日结派遣员工的种种原因。有的人是为了偿还贷款，想多挣一点钱；有的人是因为要等待成为正式员工的录取通知，所以暂时在这里打工挣钱；还有的人作为工薪阶层，工资少，而家庭负担重，所以只好偶尔出来打工贴补家用。

"明天连吃饭都成问题，做日结派遣员工至少还有那几千日元的工资""找了半天工作，哪里都不肯用我"，对于这样的人来说，日结派遣这样的工作简直就是最后的救命稻草。如果取缔了日结派遣，那么那些配送中心的大叔岂不是要失去一项重要的收入来源了吗？说实话，我从心底里为他们的生活感到担心。

　　许多人认为劳务派遣是这个社会出现收入两极化的元凶。而我以为，与其用法规来严加约束劳务派遣，倒不如先试着用和正式员工同样的工作和工资待遇来对待劳务派遣员工。我虽然有这样的想法，却也是心有余而力不足。

　　我们最好还是认识到，劳务派遣可以使企业赚到更大的利润且付出最少的工资（付出少，收益大）。不仅如此，对待劳务派遣的政策也在不时发生着变化。

　　那么，说到这里，我们顺便来了解一下关于劳务派遣的知识好了。

　　派遣热的兴起是从 20 世纪 90 年代后期开始的。众多女性正式员工逐渐转变为劳务派遣员工，其原因就是她们认为做正式员工划不来。因为她们在承担着繁重工作和巨大责任的同时，收入与付出是不成正比的，而且她们无法获得和男性员工一样的晋升机会，难以明确自己在企业中的未来。

　　与此相比，劳务派遣员工可以准时下班回家，虽然享受不到丰厚的奖金和福利，但是净收入却和正式职员相差无几。不仅如此，劳务派遣员工可以得到在大型企业工作的机会，同时也能获得掌握电脑操作等技能的机会。无论从哪方面来说，那时的劳务派遣员工工作都比较轻松，也确实能让人有种收入与付出成正比的划算感。

从企业方面来说，他们似乎也觉得没有派遣员工不可以做的工作。因此，不仅是一般的工作，甚至于秘书、经理、企划、营业等非常重要的工作，他们也都顺理成章地换了劳务派遣员工去做。

像这样，工作方式两极化的结果就是真正得到实惠和好处的其实是企业的高层和股东们。

虽然为企业的长远发展考虑，劳务派遣制度也做出了这样那样的限制，但是另一方面，劳务派遣制度的确成功地为企业实现了人才的合理化配置，有效降低了人力资源成本。

由于企业雇用了大量的劳务派遣员工，对于企业的正式员工来说，他们的工作量和责任进一步加大，压力也变得越来越大。有很多人因为承受不了需要加班至深夜的工作、每月难以完成的业绩以及难以顺利相处的人际关系而选择了放弃工作。

但是，对于那些非常努力地在职场中幸存下来的女性来说，无论她们如何牺牲自己的私生活，获得的也只有几句赞赏的话而已。只有那些成为企业管理层，或者具有专门技能，在重要的岗位上发光发热的女性才能摆脱这样的状况。

另一方面，在成为派遣制员工的女性当中，除了那些具有特殊资格或技术的"精英"之外，大部分人的时薪并不高，数年间不得不辗转于各种公司谋求生路。她们为前途惴惴不安，不知道前面等待自己的是什么，也不知道未来自己还会不会被雇用。当然，她们在人际关系方面也处在十分不利的情况中。

我所知道的一位 R 君（42 岁）就是一位劳务派遣员工，他在东京的一家游戏公司里做助理导演。他曾对我说过这样一段话。

"我现在每个月实际到手的收入大概是 20 万日元，扣掉 6.4 万日元的房租之后生活就显得有点紧巴了。没有交通补助，这点钱过日子就更觉得紧张。辛苦工作了 20 年，却还是挣扎在赤贫线上。我总是在想，这些年来我做的到底有什么意义呢？作为派遣制的员工，对于企业来说，我永远不可能成为无可取代的存在。对周围的人们来说，我就是那种说被炒掉就会马上被炒掉的员工，因此他们对待我的态度也非常冷淡。成了助理导演以后，和做普通员工的时候相比，我反而更容易被人欺负。想跳个槽吧，人家正式社员跳槽时没那么多限制，而我这样的派遣制员工跳槽时连年龄都是大问题，很容易就会陷入更加不利的境地。"

最终，不仅没有好的结果，更无法从四面楚歌的那种困窘与不安中脱身出来。

有统计结果显示，再过 10 年时间，和非正式雇佣相比，能成为正式员工的人结婚率、生产率都会更高。

"如果那个时候能预见到自己 10 年后的情况，我绝对不去做派遣制员工，我总觉得自己被企业白白利用了。"

这就是那种时间、劳动力、金钱都被这个社会榨取干净了的感觉吧。

会有这样的情况出现，诚然是资本主义的法则。但是事实上，经过 10 年时间，觉得"不划算，要是能把时间（劳动力、金钱）还给我就好了"的女性里，做派遣制员工的人要比正式员工更多（当然，为了特定的目的主动选择做派遣制员工的人除外）。

现代日本社会的雇佣方式大致可以分为四种：

（1）短时间出勤的非正式雇佣；

（2）大致固定出勤时间的非正式雇佣；

（3）大致固定出勤时间的正式雇佣；

（4）长时间出勤的正式雇佣。

第一种"短时间出勤的非正式雇佣"，就是兼职打工或者短时间的劳务派遣。在时间方面比较宽裕，工作虽然比较轻松，但是在收入和稳定性方面却成问题。

　　成为第二类和第三类雇佣者的人最多。虽然大家都希望能在工作与生活中找到平衡，但是这两类工作的日常业务多，晋升机会少，人际关系以及未来前景使人担忧的情况也不少。

　　成为第四类雇佣者，能让人感受到工作的价值以及在工作中的成长，但是也很容易让人失去私生活的时间，有时也会从事损害健康的繁重劳动，累积大量压力，有时也会受到比派遣制员工更不好的待遇。

　　总结一下，就是无论成为哪种类型的劳动者，在有所得的同时必然会失去一些东西。面对劳动的艰辛、收入的微薄以及工作的不稳定，迫使劳动者要做出这些终极的具有风险性的选择的是雇佣企业方面那种"人尽其用"的想法。这种想法对于企业而言无疑是合理的。也正是这样的矛盾才使得劳动力市场出现。

　　对我们来说，最重要的是弄清楚各种工作方式的性质，要明确自己是出于什么目的才在这里工作的。

　　你可以为了保证取得资格证的学习时间，现在暂时先做派遣制员工，或是为了掌握工作要领，作为正式员工努力工作3年，抑或是因为孩子小、花费多而做兼职补贴家用。但要记住，无论做什么选择都不要仅仅只考虑眼前的情况，而是要想清楚你现在正在做的工作将是你未来漫长职业人生的一个组成部分。这样，你才会做出更明智的选择。

　　不要被企业利用，而是要抱着明确的目标，学会好好利用企业中可以为自己所用的资源，最终实现自己的目标。

依靠学历，不如拼命努力

不要轻言放弃

我曾有过几次去地方职业培训中心做演讲的经历。

来这里的都是那些一边领着失业保险一边接受计算机技术等教育培训的人们。令我吃惊的是，一半以上的学员都是单亲妈妈。曾经是全职的家庭主妇的她们，在离婚以后为了找到工作才来到这里接受职业培训。

在她们中间，既有从国立大学毕业具有高等学历的，也有曾在大型企业里任过职的。

其中，有一位曾做过外企老板秘书的女士跟我说过这样一段话："别说是大企业了，但凡工作条件好一些的中小企业都很少有人愿意辞职，因此能够空出来的职位少之又少。好不容易发现一个合适的职位吧，肯定是只招一个人却有一百个人报名的惨烈状况，最后能被选中的人差不多都是关系户。招看护或者超市工作人员的工作倒是不少，可我宁愿不去做这样的工作。要是去市政府做那种每小时给 700 日元的工作我倒可以接受。"

一位负责就业招聘的工作人员说过，虽然在独身女性当中有很多人都非常有才能，比如有过留学经历，有做过教师的经验，或者研究生毕业，等等，但是能够让她们充分发挥才能的工作岗位却很稀缺。

事实的确如此。我也曾为企业招聘过员工，深知对于一些地方企业或小企业来说，应聘者的高学历或者一些非常辉煌的经历可能并不会成为他们应聘时的加分点。

为发展中国家修建学校的非政府组织曾发出过合同制办公文员的招聘启事，竟然有很多能力远超出职位要求的女性前来应聘。可见在全球化的背景下，这种社会公益事业在招聘有能力者方面还是有相当号召力的。

大材小用的不仅仅是女性，拖家带口的男性也面临着同样的情况。企业 HR "毙" 掉应聘者的理由林林总总，对有家庭的人，他们会以开出的薪资不够人家养家糊口为由拒绝；对学历高的人，他们会揣测人家会不满企业开出的条件而拒绝；对单身女性，他们会以开出的这点工资不够人家过日子为由拒绝；对已婚未育的女性，他们就以人家马上就要辞职回家生孩子为由拒绝。

对企业来说，他们希望来应聘的女性工作得越久越好。而最符合这种条件的女性要么是目前不打算结婚、与父母生活在一起的女性，要么是孩子已经上中学、时间比较自由的家庭主妇。

总而言之，在这个社会上，学历与能力已经与求职要求发生了一些错位。这在以那些结婚或养育孩子后人生阶段发生变化的女性为主的劳动力市场中表现得尤为显著。女性的高学历化与非正式雇佣人数的增加成正比这种不平衡的状况也表现了出来。

实际上，非正式雇佣这种劳动方式本来是专门针对家庭主妇的。这种劳动方式给了那些没有工作的家庭主妇就业的机会，她们即使只给一点工资也会高高兴兴地工作；她们希望自己能够发挥一些用处的想法被企业所利用。当然，这种方式也意味着在被正式雇佣前的一个准备阶段。

但是，随着国内经济产业的衰退，在非正式雇佣职员的行列中，不再仅仅只有家庭主妇，一些年轻人或未婚女性也加入其中。非正式雇佣为许多希望成为正式员工却始终无法得偿所愿的人提供了工作的机会。然而现实是，即便是年轻人，通过一段时间的非正式雇佣进而成为正式员工的机会也愈来愈少了。

由于国家制定的最低工资标准太低，所以这就造成了正式员工与非正式员工之间的收入差距过大。

在经济高速成长期以及泡沫经济时期，劳动力市场可以为有能力的人以及想要工作的人提供足够的工作岗位。在那个时期，劳动力市场是"卖方市场"（即有多少劳动者都可以被企业消化），因此想要出来工作的人数也在不停上涨。而在当今社会，由于国内企业大部分将生产线转移到了发展中国家，因此国内可以提供的工作岗位减少，劳动力市场也变成了"买方市场"（即企业决定需要多少劳动者）。在这种情况下，能够为那些有能力有干劲的人提供的工作岗位越来越少，而这种情况既无法依靠某些大的政策发生好转，更无法从根本上发生改变。

但话虽如此，也绝不能因此而放弃工作。一旦你对这种现状感到绝望而选择放弃的话，那你的人生就彻底完蛋了。其实，可以挣钱养活自己的方法还有很多。

有没有能力和能不能赚钱是两个概念。即使有一部分是相通的，但这二者依赖的其实是完全不同的基础。

今后，面对日本劳动力市场的"买方市场"现状，我认为，想要成为一个能赚钱的人，关键并不在于"我有没有商业头脑"。真正的"商业头脑"，也并不在于有没有谈判能力或者有多么高超的推销技巧。

　　所谓"商业头脑"，是指将自身价值提升，即便只有 1 日元也能将它卖出高价的能力。

　　下一章，我们具体讲一讲所谓的"商业头脑"。

"匠人"+"商业头脑"的时代已经到来

与专业性相比，职场知识的多样性更加重要；

与执行力相比，智慧更难得

新自由主义是一种主张社会应该产生社会阶层间差距与差异的理论，所以并不是说要求让工作本身消亡。毕竟人类只要生活在这个世界上，就或多或少需要购买商品以及享受服务。

但是，正所谓"闻道有先后，术业有专攻"，受所从事行业及职位所限，人们很有可能无法从事所期待的工作，或者薪水与预期相去甚远。

到现在为止，对待工作细心、谨慎、努力，拥有"匠人气质"的日本人在日本社会中占了大多数，这也让专注于如何赚钱的、拥有"商人气质"的日本人被大大限制住了。

原因就在于日本企业所需要的，恰恰是这种工匠似的员工。应聘合格后，公司会进行与工作本身所需知识相关的教育与培训，并根据员工的特点提供与之相符的工作内容。这让员工有了一颗感恩的心，能够安心下来，不需要考虑自己做点生意什么的就能够在社会上存活下去。

然而，这套老掉牙的东西，已经被时代所抛弃了。

现今，我们需要自主地获得教育与成长的机会，主动地去协调自身与工作的矛盾。换句话说，这一切，都已经成为我们自己的责任了。

所以，这种能将自身能力转化为赚钱能力的"商业头脑"，如今必不可少。

让我们把焦点稍稍转移，站在雇佣方的立场上，分析一下我们自己如果要做招聘，会要一些什么样的人呢？粗略分类的话，无外乎以下两种：

（1）只要很低报酬就能努力工作的人；

（2）报酬稍高，但工作质量很高的人。

有了这样的分析，我们就能够进一步将工作分为"工作量很大的工作"以及"需要良好工作质量的工作"两个类型。有些人一方面渴望安逸的工作，另一方面却无法提高自己的工作质量，这样的人很有可能永远无法摆脱第一类人的桎梏。当然也不能排除有个别例外，原本抱着一颗拿职场当浴场，想在工作的海洋里泡个温水澡的心，结果机缘巧合之下还真就如愿以偿了，不过这毕竟是极少数的情况。

如果要做"需要良好工作质量的工作"，就必须要考虑的是"怎样才能赚到钱"。

举个例子：在以前，由中间商、批发商将工厂生产出的商品代销、分销，才能到达零售商或者消费者的手中；而如今的日本，这一模式已不复存在，生产者必须要自己思考什么样的产品受欢迎，自行研究提高产品质量的生产方法，主动在不同地区尝试销售以确定在哪里能最受欢迎。如果仅能制造商品，那么这买卖肯定就做不成了。

我们无法去评判这种情况是好是坏，总而言之，无论是在公司里还是在社会上，如今已经是自己的价值靠自己去创造的时代了。

于是，有人根据能否主动创造自身价值以及个人魅力的高低将人们强行分为强者和弱者。

但是，事实真的应该如此吗？

我们一定能够发现赚钱的方法。

你可以通过提高自己的能力来获取收入，没能力可以通过增加工作量来获取收入，再不然还可以通过创意来获得收入。在众多获取收入的方法中，最可靠的办法就是"予人所求"。

做生意，怎么才能让客人高兴呢？那就是让喜欢某种东西的人发现他所喜欢的东西。

找工作也是一样的道理。如果你决定成为某个企业的员工，那你就需要去认真研究这家企业或者这家企业面向的客户喜欢的是什么，需要的是什么。这就等同于你拿出自己最擅长的本领向企业推销自己。当然，即使你会做的事情有限，你也可以寻找恰巧需要你这种能力的"伯乐"。

不要盲目断言自己只会做什么或者不能做什么，试着去发现一下那些缺乏人才的行业或者将目光转向那些有大量工作可以做的地方。

从自己身上入手，从自身开始转变，发现自己可以拿出去竞争的能力，找到最适合自己工作的地方，找到最适合推销自己的方法，这就像是改变商品价值一样。有了改变，一定不会简单地沦为弱者。

我作为自由写手选择来到东京，也是觉得在小地方不容易找到适合自由写手工作的地方，而在全日本只有东京这样的城市才有那么多的杂志发行，我一定能在这里找到适合自己的工作。虽然经历过一段不那么顺利的时期，但之后之所以能够越走越顺利，是因为我经常会努力去发现自己还有什么可以做的事情。

想尽办法改变自己目光的落点，朝着能让自己高兴的方向去想，充分挖掘自身的"资源"，给予自己类似"这种工作我也能做好"的积极暗示，这就是所谓的"自我经营"。

有了目的，方法自然层出不穷。

这个世界越来越多样化，在这个瞬息万变的时代里，各种各样的需求层出不穷。所以为了适应各种需求，与专业性和执行力相比，个人能力的多样性和智慧更能成为人们在社会中竞争的武器。

如果自己没有什么智慧，那就多听听智者的建议。因为经营力也是一种使得人与人相互联结的能力。

记载了你所能胜任工作的那本人生指南，其实就掉在你的脚边。

一旦你在工作中被认可，被认为是那种对公司贡献很大的不可或缺的员工，你会发现那时你在公司中具有更多的话语权与影响力。这时，即便是女性员工，因怀孕、生育而提出休假的时候，因为有了先前公司对你良好的评价，公司也会希望你在生产后能够返回公司继续上班，复职不就变得容易很多了么。

我认为真正的经营并不是依靠低价追求一时的利润，做一锤子买卖，而是通过与客户之间相互关照从而建立良好的信赖关系。

为了自己，把根留住

公司不见得是一个过河拆桥的地方

快奔 30 岁的那几年里，我成为了一个衣料品店的店长。虽然每天身体与精神都因繁重的工作而备受摧残，但最不可思议的是我竟然会有一种充实感。

每天清晨，到了店铺以后我首先要开门，然后将员工们（10 人左右）一天的工作内容写在白板上，严格遵从公司的指示与命令在店铺中开展经营活动，计入销售额，定期做好盘点与结算。一天中走过来走过去根本没有坐下来休息的时间，一直到深夜整理完货品，锁上店门回家的那一瞬间，终于能长舒一口气："哈哈，今天终于也顺顺利利过去啦！"顿时一种安心的感觉涌入心头，嘴角不由得向上翘了翘。如今想来，那种笑容连我自己都觉得有些"毛骨悚然"……

的确，作为一店之长，恐怕很容易被一种"店里要是缺了我可怎么运转啊"之类的使命感所包围。所以无论身心有多么疲惫，也要挣扎着将工作干完，用努力的工作向领导证明自己的价值。就这样，日复一日，年复一年，时光像流水一样从我们的指缝间毫不留情地流淌过去。

但是，这样的日子真的是太痛苦了。正因如此，我向公司多次提交了建议书，内容主要是如何能让女性店长工作得更加轻松。这样，她们就不必浪费大量时间来处理一些问题，只需要很短的时间就能上手工作。然而，我的这些建议全部被公司搁置了。

我彻底对这份工作失望了。在决定辞职的那一瞬，我终于明白了一件事情——店长这样的工作，根本就是"招之即来，挥之即去"的。

公司如你所愿，给了你工作的机会，他们想要的自然是一个健康良好活力满分的店长，这一点我们当然也可以理解。和我同时期成为店长的十几个人在工作了 4 年以后，大部分因为健康或精神受损而辞职。在现实世界里，还有一些人太过忠实于自己的公司以致最终失去了人的本性。

我经常有机会听到那些为了工作操劳过度的女性之间的谈话。她们中有很多人就如同曾经的我那样怀着非常强烈的责任感，认为自己的工作就必须要努力去完成。她们无论在哪里都带着自我牺牲的精神在工作，为了让客户满意而努力保持彬彬有礼的笑容；为了一句有机会升为管理层的空头承诺而甘心领着微薄的薪水；被有才的经营者洗脑，以践行"高大上"的企业理念为己任，完全无视自己以及周围的一切。"终于完成了！如果完成不了我就太没用了！"像这样为了工作而经常自责也是这类女性的特征之一。

但是，千万不要被公司的种种美好假象所欺骗了。

须知道，健康和人生是自己的，公司绝对不会为你的人生负责任的。

那些认真的女性勤勤恳恳工作的结果，很有可能就是一夕之间觉得自己心力交瘁无法再应对公司的工作，只好在一段时期内告别自己的工作。这样的例子在现实中并不鲜见。

而这样的女性要花费大量的时间调整自己的状态才能重新回归工作岗位，回归工作的她们还要承担比以前更大的风险。她们仍然要牺牲自己的个人生活，在日复一日的辛劳生活中错过自己结婚或生育的最佳年龄。即便是顺利结婚了，也有可能承担着难怀孕或易流产的风险。

有些损失或许将来还可以补救，但是谁又能为你所失去的负责呢？

自己的生活和健康，只能自己来守护。

冒着被广大读者误解的可能，我想说：工作本身就是把人当作"一次性用品"的。甚至那些对公司而言非常重要的人才也难逃这样的下场。

在这个世界上，用过以后没用的东西被淘汰掉是常识，由此造成职业生涯的不稳定自然也顺理成章。或者更确切地说，"稳定"或"不稳定"的概念本身就不应该存在。只要公司情况有变，我们随时都有可能被告知"明天不用来上班了"。这个世界就是这样，劳资双方条件合适就一拍即合，不合适就一拍两散。

在日企中曾存在过员工怎样都不会被炒鱿鱼的"终身雇佣制"时代。那是在日本经济高速发展的特殊时期，企业在劳动力不足的背景之下为了留住劳动者所制定的特殊体系。在这样的体系中，用年功序列来协调员工，给年轻人较低的工资，随着他们年龄的增长来提高他们的收入及职位，以此杜绝员工的离职。这种制度能够得以维持，是以社会经济整体高速发展以及劳动力持续增长为前提的。

总之，随着时代的变迁，即便这种雇佣制度在很久以前就陷入了难以维系的状态，但受加拉巴哥综合征（指在孤立的环境下，生物独自进行"最适化"，而丧失和区域外的互换性，面对来自外部适应性和生存能力高的品种，最终陷入被淘汰的危险；在此以进化论的这一现象对日本近年来的发展加以类比）的影响，制度的衰退变得非常缓慢。

我们必须清楚认识到的是，如今，非正式雇佣的员工会成为"一次性用品"自不必说，连正式员工也有被企业当作"一次性用品"处理的可能。这种情况在劳动力买方市场中表现得非常明显，一方面，一些以榨取劳动力全部价值为己任的黑心企业层出不穷；另一方面，社会上出现了非正式雇佣员工不断增加，同时正式员工的工作负担越来越重的倾向。

公司自然不会傻到直接告诉你："我们公司的企业文化就是恣意支使员工，作为女性员工的你职业风险蛮高哦！"所有状况都需要自己来判断。

"罢了，一次性用品就一次性用品吧，这又何尝不是我向上的跳板呢？"如果能够抱有这样的想法，哪怕被恣意支使，哪怕成为"一次性用品"，又何尝不可呢。

每个人在增长工作能力的时候，都要经历一个稍显鲁莽冒失的时期。既然工作的专业性、领导能力以及人际交往能力都要靠长年累月的磨炼和积累，那么现在想来即便成为"一次性用品"，被公司无情抛弃，我们也并没有损失什么。这期间能够获得的最重要的财富可能就要数类似于"既然能在那个地方那么努力地工作了，接下来什么样的工作我都能忍受了吧"的自信了（笑）。

要记住：工作永远只是你谋生的手段，绝不是你人生的目标。

为了保护自己，首先要了解男性世界的规则

像男人一样工作，未必会得到赞赏

"真是可惜啊！"看看那些20多岁的女性，她们有能力，有出来工作的愿望，有不输于任何男子的干劲和素质，然而等她们到了30多岁时，她们中有大量的人能力没有得到充分发挥，就这样生生被埋没。一念及此，我真心为她们感到惋惜。

2012年世界经济论坛（WEF）发表了《全球性别差距报告》。这是一份展示各个国家的男女两性在经济地位、接受高等教育机会、政治参与以及平均寿命等方面的差距的报告。

日本在135个国家和地区当中排在第101位。在发达国家中处于最低水平。日本女性的"识字率"和"健康寿命"虽然排在第一位，但是成为国会议员或企业管理层的在女性总人数中只占不到一成。"对政治的关注""工资待遇的平等""劳动所得"这几个方面也处在最低水平。在此之前的众多报告书中，日本女性的能力得不到发挥这个问题已经被多次提出过。

在《全球性别差距报告》中，排在第一位的是冰岛，排在第二位的是芬兰，排在第三位的是挪威。在挪威，法律规定企业中女性员工的比例不得低于40%。在一次电视访谈中，一位挪威政府官员曾表示："在挪威，男性和女性大学入学率几乎相等，同样享受着财政投资（挪威的大学是免学费的），如果女性的能力得不到充分发挥的话，财政投资将入不敷出。"

世界上任何一个国家，女性大学毕业生都接受了与男性同样的教育，同样抱着挣钱的目的，然而在日本，女性中很多人仅仅做着普通职员或者派遣员工，甚至成为专职主妇，似乎和男性之间有一条明显的界限，这在世界上看都是极为罕见的。另外在日本，女性的平均薪资仅能达到男性的约六成。

在其他国家和地区，女性占管理层的比例并不是随着经济发展水平而递增的。例如，菲律宾、斐济约占50%，蒙古约为40%，巴西、乌干达超过了30%。在这一比例超过30%的中国台湾，给人的感觉是政府、大学中的女性人数似乎超过了男性。

我曾问过台湾人："为什么在台湾公务员中女性任管理层的那么多呢？"得到了这样的回答："这不是显而易见的吗？女性的学习能力更强啊，要进入公务员的管理层是必须要参加升级考试的，所以自然多啦！"

　　造成日本女性在社会上无法活跃的其中一个原因就是"男性是社会的中心，女性是家庭的中心"的社会分工，这是一种固有观念，固执地存在于这个国家、存在于企业、存在于男性，甚至存在于女性自身的观念中，未来很长一段时间内都难以得到根除。此外，旧时日本劳动强度大以及离职后难以获得第二次机会的社会结构也给如今的男女结构带来不小的影响。

　　在其他发达国家当中，随着女性走出家门步入社会，整个社会制度以及对待男女两性的价值观都在发生着相应的变化。而日本却与此相反，尽管从提出男女工作机会平等到现在已经20多年过去了，但是整个社会的观念非但没有发生任何改变，女性在结婚生子后安心回家做家庭主妇的情况反而成了常态。

　　虽然这些年来随着日本女性出来工作的人数的增加，职场也在悄然发生着变化，但无论是在公司里还是在政治领域，却仍然是以男性为中心的。

　　正因如此，同经济高度成长期那段时间一样，人们心中的基本生活模式依然是"作为家庭主妇的妻子全力持家支持丈夫，丈夫负责在外打拼"。

虽然经济成长期已经过去了，但是那种"男性在外努力打拼"的状况已经定型了。不，更确切地说，这种状况比以前更加严峻了。

在这样的环境里，女性更容易陷入男性附庸的境地了。

要成为企业的管理层，有一些非常不利于女性的潜规则，比如要长时间工作，要服从公司内的调动，要参加饭局，等等。"要成为管理层就不得不如此"，女性想成为管理层的理想就这样被禁锢了。

在那些以升职为目标的女性中，有很多人为了不让别人因性别而看低自己，拼尽全力，恨不能燃尽自己的生命。一些女性像男性一样拼命工作，连个性都变得男性化；还有一些女性过分投入工作，甚至希望自己能找一个"家庭主夫"来照料自己的生活。

说实话，我之前有很多次也有过这样的想法。

为了得到和男性一样的平等对待，在像男性一样做事的过程中，不仅言谈举止都变得男性化，连心理状态都变得充满攻击性，会因为工作的事情与上司战斗，最终一边哭泣一边将上司击败。平时，为了全身心地投入工作，不仅没有工夫自己做饭，连出去好好用餐的时间都没有，午饭通常都是随便从超市买来的饭团或者营养液。这样的女性不要说相貌会发生变化，连女性荷尔蒙等生理机能都会受到影响。

看到如此状态的前辈，后辈们只好放低姿态，她们心里会想"身为女人，与其拼命工作，倒不如找个会挣钱的好男人，自己老实在家当家庭主妇就好"。想想前面所说的情况，会出现这样与时代背离的想法也不是不能理解。

无论如何，女性要在外面工作，总会遇到许多明的暗的障碍。

那么，我们在这样的旧观念依然占主流的社会中应该怎样立身呢？

经过这样那样的历练，我们能从中得到的教训就是，绝不能认定"男人和女人是一样的"这种话。即便我们和男性有一样的目的，也应该有许多完全不同的做法。

为了实现自己的目标，我们不能向他们宣战，而应该将他们变为自己的同伴。

如果我们向男性宣战，男性就会觉得"我们不能向女人认输"，从而打起精神来迎接女人发起的挑战。我们不如一边向男性表示自己的敬意，一边用自己擅长的东西来和男人分出高下。

我刚成为衣料品店店长的那几年，也觉得自己是一个不怎样的店长。因为被上司批评为"无法像男店长一样工作，女店长果然难以胜任工作"，所以我拼尽全力工作。但是我无论怎么努力，工作都不怎么顺利。

　　于是，我决定从自己擅长的地方做起，凭借着之前做导购的经验，我开始在接待客人以及店面清扫等方面下功夫。最后，来店里视察的那些公司总部派来的负责人对我们店的一致评价都是"无论什么时候来你们店，心情都会很好"。就这样，我们店被评选为"全国最美店铺"，我也被委派了给地方新员工培训的工作。

　　要想在社会上获得认可，我们要想的不能只是"我是个女人应该怎样怎样"，而应该想到"我自己本身能够做到什么"。

　　发挥自己的能力和智慧来做事，这样，才能让别人觉得我们能够做到，而机会也会自然而然到来。如今，那些不论性别只凭能力说话的公司逐渐增多。从社会整体来说，人们更需要的是那些有别人没有的能力和想法的人才，而这种能力和想法与性别是没有关系的。当然，同事中难免会有因为女性强过自己而不服气的男人，我们也大可不必为此介怀。

　　理解男性社会的规则，这个社会自然会为女人们敞开一扇窗户。

　　实际上，我相信男人们心底的真正想法也应该是希望自己能够更轻松一些吧？

力争上游，把握现在

关于结婚、生育，你怎么想呢？

N 小姐（32 岁）在一家 IT 行业相关的中小型新兴企业中工作了
10 年，三年前晋升为企划营业部部长。虽然已经结了婚，但每天都
要加班到很晚。面对层出不穷的新项目，N 小姐决定延后要孩子的
时间——"应付不完的话没办法要孩子啊"。然而，命运似乎和她开
了一个玩笑，新生命意外降临了。几个月以后，当她复职时，被降
级为普通员工，年收入也大幅度减少。

"我其实挺不甘心的。降职的理由是我没法像生孩子前一样工作
了。那我之前付出的到底算什么呢？我实在是挺难接受的。不过，
能有自己的孩子还是挺幸福的，这样我也就觉得自己没那么惨了。"

那之后，N 小姐从公司辞职，开始筹备自己的公司。她之前所
积累的那些能够使企业发展壮大的工作经验应该可以派上用场了。

不只有像 N 小姐这样因为生育孩子而无法升职反被降职的人存
在，还有一些女性一旦要生孩子就将工作辞掉，不会考虑个人的职

业生涯规划。要知道 25 岁至 35 岁正好赶上个人事业的上升期啊。

这其中有的女性决定早早生下孩子，然后在 30 岁下狠心开始工作；也有的女性在 30 岁之前先积攒经验以及巩固自己在公司内的地位，然后在 35 岁到 40 岁生完孩子以后回到公司坦坦荡荡地满血复活。这样虽然结局看似圆满，但并不值得效仿。更多的人还是在面对生产、育儿的时候陷入"要么与公司闹翻，势不两立；要么就要辞职"的两难境地。

就这样，现实中约有六成的女性在职者最终在生育时觉得不应与公司闹翻而自行离职。大学及研究生学历的女性平均连续工龄仅为 6.1 年（高中毕业生平均为 9.7 年），辞职理由中最多的就要属结婚、育儿了（以上数据来自日本厚生劳动省发布的 2008 年版《在职女性实录》）。

公司里一边育儿一边提升自身能力的女性少之又少，很难去描绘她们给我带来的印象。而想到如果要强留在公司会付出超出男人的努力，似乎成为一名家庭主妇所面临的风险要小得多，还能够照顾到个人与家庭的幸福。

但是在采访了很多女性管理层职员后，我的感觉是她们其实并没有远大的职业发展目标，也并不是传说中的"女汉子"，出乎我意料的是，她们都只是普普通通的女性。多数都是在公司里工作了很久，不知道因为什么原因突然就被晋升为部长。

当然，她们能够有机会升职，不仅仅是因为在原有的职位上工作得比较久，也是因为在原有的职位上勤恳工作，成为了这个职位不可或缺的人才。除此之外，还有一些人是被试着调整进了管理岗位。她们在初入管理层时会有些许的犹疑，但在工作的过程中，她们不断摸索出了自己的一套工作方法，在探索中不断适应了自己的职位并做出了成绩。

而女性无法成为企业管理层的一个最大的原因就是从企业的角度来看，女性职员往往无法长时间工作。也就是说，在女性职员获得升职的机会之前，她们往往会因为个人原因自己提出辞职。

的确，很多女性为了养儿育女放弃了工作。她们中的一些人在回归家庭 10 年之后也会感慨命运的不公——曾经不如我的男职员如今都做到了部长的位置。要是我当年没有辞职，现在年收入百万日元以上一定不成问题。这样比较起来，简直就是女性的放弃造就了男性的不战而胜。

从女性的角度来说，身处育儿和工作不能两全的境地时，放弃工作实属无奈之举。但是如果真让她们参照着男性上司的工作方式去做的话，她们也未必愿意。

　　我认识的一位 T 女士有两个年幼的孩子，身为食品制造企业营业课长的她总是会为了工作飞去全国各地出差。她对我说过这样一段话："我没法像其他男性课长那样做那种需要几天时间才能完成的出差，重要商品或样本一次性也带不了很多，更没法晚上出去应酬或者在居酒屋和部下谈话。但是，国内的那种当天来回的出差我完全可以胜任，提前准备重要商品也难不倒我。如今已经不再是需要应酬才能做生意的时代了，和部下谈话只要有喝杯咖啡的时间就能搞定。所以，工作也不是什么难事啊！"

　　这样看来，她就是在工作的过程中，逐渐摸索出了一些前人所没有的工作方法，并且将这些工作方法成功运用在了工作当中。

　　所以说，工作时一定要目标长远。为了实现这个长远的目标，就要保住现在的位置。

　　满足了这两个条件，自然就会遇到合适的机遇。

　　也许在生完孩子的几年之内，你都无法成为企业的管理层。但是这有什么关系呢？在漫长的工作生涯中，几年的瓶颈期并不算什么，只要你提前做好心理准备就完全可以接受这个现实。

　　想要力争上游，坐稳现在的位置，有一点比勤恳的工作态度还重要，那就是要有出众的交际能力和管理能力。和周围的同事搞好关系，一边接受大家的帮助，一边将自己的意见很好地传达给大家。不要被复杂的问题所迷惑，也不要将压力看得太重，放松心情，以好的心态面对工作吧。

为了不让自己在拼命工作之后像个气球一样爆炸，放平心态，以轻松的心情工作吧。

身处瓶颈期也不要轻易放弃工作

想工作的人和不想工作的人，差距会逐渐拉大

在和一些20多岁的女孩子交流的过程中，我发现她们都有一个非常根深蒂固的观念，就是将婚姻看得极其重要。在她们的观念里有这样一些想法，比如选个好丈夫要比选份好工作重要，比如可以先结婚再找一些比较自由的工作，等等。

在现实生活中也有很多女性，即使有着和男性一样高的学历，有着和男性同等的工作经验，她们也更愿意在结婚之后辞职回家专心相夫教子。

某保险公司的一位将营业额提升至全国前十的 H 小姐（30 岁）也这样认为。她说："我可不希望将来结婚以后我先生回家对我抱怨'我在外面工作都累成这样了，回家了你还让我打扫浴室，做这做那'。所以，我以后也要像我母亲那样，首先做好家务，照顾好家人的生活。然后再找一些不会给家庭生活带来影响的工作来做。"

通过以上这些例子，我们可以很明确地得出这样的结论，女人

的价值不在于能够挣钱养家，而在于能获得好男人多少爱。

很多女性都抱着这样一种想法，就是工作与结婚生子这两件事是无法同时进行的，所以婚姻才是女人人生的基石，有了这块基石才能够去寻找不会影响家庭生活的工作。当婚后无法找到合适的工作或者当家庭与事业无法兼顾的时候，当看到像自己父母那样父亲挣钱养家、母亲全心操持家事的旧式和谐生活模式时，可能她们原本的价值观就会发生倒退，就会觉得，做个家庭妇女不就是女人最简单基本的幸福吗？

但是，我们应该知道，我们所处的这个时代和我们父母所处的时代相比，已经发生了非常明显的变化。

丈夫的收入很低、未来家庭收入增加的希望不大、离婚、丈夫遭遇公司裁员、疾患缠身等情况很容易就会将女人推入贫困的深渊。

绝大部分因为结婚、生育而离开职场的女性在多年后重新回去工作都是因为经济原因。身为家庭主妇的她们没钱买自己喜欢的东西，生活困顿，对生活各种不满，对未来充满了不安。

当然，也有一部分女性是在暂时完成相夫教子的任务之后，带着找回曾经的自我、实现自身价值的理想重新回归职场的。

选择继续工作的人和选择不工作的人之间的差距经过 10 年以后

会拉得越来越大。

在单身时代你可以任意选择工作方式，你可能通过工作积累了这样那样的经验，但是一旦你辞职，告别了自己的工作，日后想要回归从前工作的职位是非常困难的。据统计显示，半数以上的女性都希望自己在孩子3岁以前能够做家庭主妇，随着孩子的成长可以做一些短时间的工作或者能够在家里进行的工作，等到孩子上中学后有了自己的自由时间时再正式出来工作。

但是实际上，大部分女性在重新回归社会寻找工作时，都不会被雇用为正式职员，而是只能做一些兼职工作，还有不少女性甚至无法再找到工作。

因此如今，我们也能听到不少女性在后悔，如果当时不辞职继续工作就好了。

也许有人认为，企业的正式员工和那些辞职数年之后又成为兼职员工的人相比，包括年金等在内的收入差距为1亿日元的调查数据未必算是一个多么巨大的数字。但是如果从家庭来说，特别是对那些孩子正处于最能花钱时期的四五十岁的夫妻而言，和夫妻双方都有收入的家庭相比，只靠丈夫一人赚钱的家庭无论生活水平还是孩子教育都会受到影响。而等到退休后需要依靠养老金过日子的时候，就能再清楚不过地感受到不同收入所带来的差距了。

在这个世界上，"丈夫挣钱多妻子才会去做家庭主妇"是人们的共识，而丈夫挣不了多少钱妻子还要做家庭主妇的情况却是真正的"日本特色"。妻子为了抚养孩子而辞职也是因为日本所特有的"孩子3岁以前要和妈妈在一起才能对孩子产生好的影响"的"育儿神话"。

无论是世界上哪个国家的母亲，为了孩子而放缓工作节奏是理所当然的，但却没有为了生孩子而辞职的概念。在东南亚还有很多女性为了即将出生的孩子而更加努力的情况。也正因如此，在这些国家里，25岁到30岁间处于生育期的女性劳动人口非但没有减少，反而出现了像发达国家那样的以女性工作来提高家庭经济水平，进而提高新生儿出生率的倾向。

在日本，当面对工作与家庭无法两全的现状时，虽然选择成为家庭主妇也许会面对比较低的压力和风险，但是如果因此而无法再走入社会重新工作，更大的压力和风险将会不期而至。这一点，我想每一位女性都有必要提前想清楚。

如何解决工作与家庭难以两全的矛盾呢？办法之一，就是不要简单地就把工作辞掉。即使你将孩子送入幼儿园需要花掉一大笔钱，但是与你日后会获得的收入相比，这些钱根本就算不上什么损失。

如果你实在没有办法解决照顾家庭与继续工作之间的矛盾，那么至少在辞职照顾家庭期间，为自己充电，为找到下一份工作做好准备。如果你在做家庭主妇期间没有任何长远目标而是仅仅围着家庭团团转的话，即便你将来能够重新出去工作，你也不会有什么进步，只能在拼命完成手头工作与消除工作带来的挫败感上耗费大量的精力。

做家庭主妇对我们女人而言也可以成为一次机遇，重要的是我们要在充分享受育儿乐趣的同时为接下来的人生做好充分的准备。

我过去的一位女上司，一边赚钱一边供丈夫读研究生。后来，在快奔四的年纪为了生孩子而告别了职场。辞职后，她在丈夫的支持下进入了专门培训针灸师的学校进行了三年学习，最后成功改行。"做了针灸师，将来老了也能有事可做呀！"她一脸满足地对我说。

对我们而言，最重要的就是在人生中不轻易放弃自己的目标。

人生的主角是自己，努力谱写自己的人生传奇吧。

用转职来实现逆袭的条件
不可能用转职一下子实现逆袭

在我之前乘客船、住招待所穷游世界的旅程中，我结识了不少来自日本的女性朋友。

让我感到吃惊的是，在这些女性中，有三分之一的人都在从事护士的工作。可能在如今的日本，护士是那些转职者最容易从事的工作了吧。

一位30多岁的女性告诉我，她是一名派遣制的护士，因为值夜班的时候很多，所以一年就攒了200万日元，她就用这些钱进行了为期一年的欧洲游，等回来以后她再选择去哪家医院工作。相比于做别的工作，做护士这份工作能获得更高的收入，攒钱更容易，因为马上就能再就业所以辞职也变得更加简单。虽然工作时比较辛苦，但是好处是在金钱和时间方面比较自由，也不需要固定住所。

对那些没有获得什么资格和技巧的人来说，转职是一件非常困难的事情。"每换一次工作，聘用我的企业也好，工资水平也好，都会下降一个档次。"这种让人倍感遗憾的事情如今时有发生。刚毕业时进入的企业是最好的，随着年龄的增长，想换工作时愿意聘用自己的企业越来越少，开出的条件也越来越差……如今，大概很多人都会面对这样的窘境吧。

在国外，转职次数多意味着这个人拥有更丰富的社会经验；而在日本，转职太多次则会让求职者陷入不利的境地。

特别是对那些没有做过正式员工，只做过短期的非正式员工的人来说，他们想要成为企业的正式员工简直就是难于登天。一直做非正式员工能活下去吗？不结婚能活下去吗？有很多人都在为这两个问题感到不安。

转职并不能让人生一下子就发生逆转。

盲目参加各种入职考试，不但让自己白白做了"炮灰"，还会让自己因此而自信全无，觉得自己也就这样了，轻而易举就向生活妥协。如果是因为"瞎猫碰上死耗子"而意外转职成功，那么之后也会在各种不适应当中辛苦度过。

想要一举转职成功，必须要掌握一定的策略。

下面的三点建议，就是我从自己人生的经历中得出的经验，是普遍适用的策略。转职不是一件简单的小事，做决定前要想清楚未来的工作是否具有足够大的价值，目光要具有前瞻性。

（1）具备一种可以被称之为"专家"的工作能力

有些 20 多岁的年轻人，在职场中处理不好同事关系或者做不了所期望的工作时，就会寄希望于换工作，觉得在其他企业工作会更适合自己。殊不知，如果不具备足够的工作能力，那么到哪里都会遇到和之前一样的情况，不大可能找到条件多好的工作。因此，为了日后找到好工作，请至少在自己的岗位上好好工作三年，积累足够的工作经验。

哪怕你只是在某一方面具备让他人无法企及的工作能力，你也会在职场中成为强者。只要你具备了不逊于他人的工作能力，那么你不但可以轻易转职，而且能够堂堂正正地进入新的工作环境。

当然，如果你之前从事的是销售或者事务性工作之类的无法简单认定工作能力高低的业务，那就要在转职时说出自己拿得出手的工作业绩。比如"我的营销成绩是年营业额达到了一千万日元"或者"我在担任经理助理期间从事企业监察工作"等。20 多岁的年轻人选择工作时不要光图舒服，而应该长远考虑自己的未来，选择那些能让自己真正获得成长的工作。如果你到了三四十岁还觉得自己什么都不会的话，那我认为你应该好好扪心自问一下，之前都做了些什么吧。

（2）想要成功改行，就要认真钻研新领域

想改行或者想大幅度提升自己，那就不要对新领域的知识浅尝辄止，而是要认认真真地钻研新领域的新知识。举例来说，在我认识的人里，有位男性朋友之前在某大型电器制造工厂工作。工厂关闭之后，失业的他以38岁的"高龄"重新进入专业护士培训学校学习护理。还有一位女性朋友，在将近50岁时选择进入大学学习，后来成为了一位日语老师。除了这两位以外，还有一位女性朋友在近40岁时进入法学院成为一名研究生，后来做了律师；另一位女性朋友则在巴黎的蓝带国际学院（Le Cordon Bleu）学习了一年多的法国料理之后，又在国外进行了为期两年的进修才回来。

想要进入一个自己之前并不熟悉的行业，学习非常重要。但是，为了认真钻研新领域的知识就需要前期投入时间、资金以及十二分的努力，因此，在考虑转职时一定要选择一个自己喜欢的行业。如果只是因为经济原因或者盲目听从他人建议就选择新的行业的话，日后一定会在从事这份工作的过程中遭遇各种挫折。只有选择自己喜欢的行业，用心学习，倾入全部热情，才能让自己的转行具有更高的价值，为自己创造出更大的财富。

（3）具备与主要目标相关的资格与技能

虽然转职时需要具备一定的资格，但是如果你所具备的只是一些相互之间没什么关系的资格，那么这些资格不但对转职起不到任何积极作用，也无法让你累积足够的工作经验。所以，如果我们想要具备某些资格或技能，就选择那些能够为目前的工作加分，并且能够拓宽工作范围的吧。

举例来说，做室内装潢设计师就需要具备色彩和照明等方面的相关知识，做美容师就应该在着装搭配与化妆方面有所建树，发挥自己的长处，才能让自己的工作做得更好。当然，如果你在之前的人生经历中无意中掌握了与语言、健康、摄影有关的知识与技能的话，也一定要对这些技能加以重视。

除此之外，还有一点非常重要，就是不要仅仅学习知识，而是要通过实践来积累相关的经验。

不要认为换工作就只是目前的事情，要认真考虑换工作对自己未来人生的影响，这样才有可能不受年纪的限制在任何想换工作的时候转职都取得成功。

不要仅仅考虑到"想去好一点的公司"或者"想让自己获得好一点的待遇"这些眼前的利益，而是考虑好自己未来的漫长人生应当如何度过，以此为基础，想清楚自己到底会什么，然后再去寻找能让自己热情洋溢地发挥才能的工作吧。

做日本人能做的工作
用全球化的视角看待现实

几年前，我在神奈川县一家面包制作工厂做劳务派遣员工。

在那里，我的工作是在流水线上给面包抹上奶油或者在面包里夹上火腿肠。工作时通常要站八个小时，常常工作两三个小时都没时间去一次厕所，更不能离开自己的工作岗位，只能默默地不断重复同样的工作。像这样连续工作几天之后，身上到处都疼，早上甚至连起床都困难。

让人感到吃惊的是，在这家工厂里的大部分劳动者都是从南美来的境外就业者。在我工作的那一层楼里，只有我一个日本人。当我被巴西人指挥着干这干那的时候，我常常会陷入一种"这到底是谁的国家啊"的错觉当中。

一次我和工厂里一位比较熟识的男性朋友一起吃午饭，他给我看了从家里寄来的他家的全家福，还向我夸耀他的弟弟如今考上了大学，成了大学生。他告诉我，在工厂工作时面包可以随便吃，也可以带回宿舍吃，既节省了饭钱，也不用再出去吃饭。每天都在工厂与宿舍两点之间往返，不用怎么外出，省下来的钱都可以寄给家里。

在日本，境外就业者似乎并不多，但实际上，在人们注意不到的很多行业里，这种全球化背景下的境外就业发展得如火如荼。

无论是像中国香港、新加坡这样的亚洲经济发达城市还是像欧洲那样的经济发达地区，以原住民为核心的白领阶层和以境外就业者为中心的蓝领阶层共同构成了一个差别明显的社会。

比如欧洲，在工厂从事体力劳动的工人或清洁工、护工等，大部分都是来自东欧、非洲或东南亚的移民。他们在工会、政治方面的发言权与影响力有限，也几乎享受不到所移民国家的福利待遇，而造成这一切的根源在于他们祖国与所移民国家的经济差距。

那么，如今的日本又是什么情况呢？其实，那些来自国外的劳动者们已经慢慢渗透进了各行各业中。

东京的一位餐饮店的老板向我感慨："日本学生打工时经常会请假，而中国来的留学生不但会好好工作，需要加班时也绝不会有什么怨言。现在，我这里的工作人员基本上都换成中国人了。"

我认识的一个中国留学生在国内时就已经完成了大学学业。为了能在日本多待几年，他没有在日本读研究生，而是选择在日本再读一个学士学位。读书期间，他不仅生活简朴，而且课外积极打工。这样下来，他每个月还能再给家里寄 20 万日元。他对我说："在中国我可能找不到这么好的挣钱机会。所以为了多挣点钱，我一定要努力工作。"

现在，来自国外的求职者们不再只能做蓝领了。在一些大型企业的招聘中，来自国外的大学毕业生也能够找到白领级别的工作。可以说，日本对于外国人的限制减少了。另外，日本政府在 2008 年启动了"留学生 30 万人计划"，为的正是让更多外国人在日工作，借助外国人的力量发展日本经济，缓解老龄化与少子化使日本人口减少所带来的影响。

对日本人来说，谈到外资企业首先想到的是欧美企业，但今后在日本国内将出现更多的来自亚洲的企业，今后中国人或是印度人做日本人的上司可能也并不是一件多么稀奇的事情了。

在经济全球化以及国际间劳动力流动增长的大环境下，日本人今后需要牢牢掌握"将日本人能做的做到最好"这项技能。

"能够使用日语流利沟通""充分理解日本文化""接受良好的日本教育"，这些是日本人与生俱来的，在找工作的过程中也有非常大价值。

　　恐怕在国外工作过的人都能够理解作为一个外国人在异国他乡找工作是一件多么痛苦的事情吧。

　　考虑到身为日本人的种种优势，似乎获得工作机会、提升职业技能并不应该是一件多么困难的事。

　　然而，日本虽然是外向型经济，但国内劳动环境受到全球化影响并不深刻，比起上文所说的那些，还是通过个人的努力获得工作机会更能够令人信服。

　　对于坊间盛传的"日本面临危险"的论调，我不免要提出相反的看法——真的是这样吗？

　　在这里，我们首先要讨论的是"日本人真的穷吗"？

　　虽然我在书中曾说过日本的贫困阶层成增长趋势，但前提是"和日本以前相比""和一部分富有阶层相比"，而就世界整体来看，日本的贫困阶层已经是相当富裕的了。

　　在经济高速发展期，几乎所有日本人都拥有"中流意识"（中流意识认为，大家都是普通人，如果你不是一个身心障碍者，收入低是不努力的结果，社会不应该照顾这样的人）。与那个时候相比，如今日本的恩格尔系数①降低了，人们在兴趣爱好与娱乐方面的花费增加了。人们都有能力享受生活的乐趣了，却仍然觉得自己"穷"，那么我们就有必要审视一下自己的花钱方式和生活方式了。

还有一个问题，就是"我们真的没有工作可做了"吗？在这一点上，虽然人们常说"和过去相比，现在没有什么太好的工作"，但是只要不太挑剔的话，工作还是可以找到的。以踏实工作为立足点的话，提升自己并不是一件不可能的事情。

在失业率方面，日本也是低于其他发达国家的。"在这个社会上，自己真的已经没有为社会做贡献的余地了吗？"很多人根本就没有认真考虑过这个问题，也没有付出过任何努力，只是一味抱怨"找不到工作"，这是不是有些太有失偏颇了呢？

真正贫穷的国家，应该是连幼小的孩子都会为了生计而付出努力，国民完全感受不到国家给他们带来的任何好处。

如今，全球化的热潮正在席卷整个世界。

世界经济已经发展成了强者为王、弱肉强食的态势。

我们要做的，是不要被全球化趋势所左右，也不要再毫无意义

---

① 恩格尔系数：食品支出总额占个人消费支出总额的比重。

地怀旧或将眼光局限于自己和他人的差距上。认清现实吧，谦逊地过活，踏实地赚钱，带上骄傲朝着自己的幸福进发……以这样的姿态生活，我们就一定能看到未来和希望。

站在原点的我们，其实无论何时开始旅程都是一个不错的选择。

可以选择自己创业
女性创业成功的七个要素

我曾观摩过地方商工会议所的创业孵化班，那里的学员超过80%都是女性，女性所占的比例非常之大。正是因为社会尚未形成能够让女性充分发挥自身能力的成熟土壤，那些有抱负、有想法、有活力的女性才不得不自谋生路、自寻生计。

通过和这些女性创业者一起参加课程，才知道原来有这么多女性活力十足地经营着自己的生意。在自己家中开办美容院、美甲沙龙、技艺班（教授插画、茶道、武术等技艺），或者咖啡、面包的流动贩卖，再或设计工作室、家庭旅馆等。

创业，也许是最后一张可以让日本的女性在社会上活跃起来的王牌了。

和男性相比，女性更容易轻装上阵迎接挑战，也更容易找到合适的创业项目，创业率是男性的两倍以上。

但是，由于企业规划、资金调动、客户维系以及企业经营等方面带来的巨大风险，女性创业后中途放弃的比例也高出男性两倍。
在我印象中，那些选择创业的女性中能坚持到 5 年的人就非常少了。
女性会遭遇从小挫折到资金无法周转等各种问题，或者失去了自由
的时间忙得无法照顾孩子和家庭，再或者是无法培养出所需要的人
才，开拓不出广阔的客户群。不仅是工作能力方面，感情方面也需
要格外振作，同时还需要乐观进取的精神，否则事业就会在不经意
之间陷入泥沼无法前进。

我做自己事业的主人已经有 10 年的经验了，在事业不顺利的时
候，不仅工作忙碌，而且连自己的生活费都挣不出来，即使生病了
也不敢放下手头的工作。在这样的时候，我曾不知多少次想过，还
是被人雇用比较轻松啊。

但是，自己创业也有很多好处。所有的一切都需要自己负责，
有自由，付出的一切也更有价值。不仅如此，创业可以使自己有机
会实现自己的梦想，更没有工作的年龄限制，只要自己愿意，就可
以不退休一直工作下去。

最近，有很多男性体会到退休金会有不够用的危险，在退休后
积极投入到创业当中。而相比之下，女性也有一定的优势，就是可
以从精力充沛的年龄开始创业，在那些退休的男性创业刚起步时，

她们已经建立了固定的客户群，也具备了雇用雇员的能力。

H女士在自主创业5年后，成为一位拥有6家代理公司的女老板，在35岁以后过上了近乎退休的悠闲生活。在创业的5年中，公司架构已经搭设完备，并依托于公司的各种人才将公司打理得井井有条，如今H女士每月只需要出勤2～3次就足够了，用剩余的时间，从大局出发，思考今后业务的开展方向，在企业中扮演掌舵者的角色。

对了，忘记告诉大家了，H女士是一位单亲妈妈，没有学历，也没有工作方面的经验。"既然我都可以成功，那么只要有一颗渴望成功的心，就没有成功不了的人！"在一些给新创业女性加油、提供支援的活动中H女士如是说。

其实看到自己一步一步将想做的事情实现，一步一步做好，不也是创业的魅力所在吗。

在研究了诸多女性创业成功的案例之后，我发现了以下七个女性成功创业需要具备的要素。

（1）懂得运用女性特有的优势

捕捉到身边的需求、运用女性独有的细致予以回应、发现男性难以察觉到的商机进而开发出相应的能够填补空白的产品和服务——有很多女性创业正是凭借这种与生俱来的优势才取得了成功。即便是有男性参与的行业，也要从女性化的角度审视，主动开发出与男性从业者的差别，发挥自己的优势。也只有这样，利用女性的优势开展工作，才能够在前进的路上不勉强自己。

（2）哪里有需求，哪里就有商机

创业并不是要求我们自己发掘需求，实际上可以做的工作有很多，但如果能够从人们的需求出发，以一些能为人们带来帮助、带来快乐的事情入手，创业就会变得顺利一些。这种水到渠成、顺理成章的创业不是更好吗？

（3）不要拒绝你的客户

也就是说从创业的那一刻起，对于客户的需求与委托一律要回答"好的！没问题！"全部承担下来。即便有超越自身能力的事情，但是承揽下来一旦达成就能促进自己的成长。要时刻牢记"客户至上"的信条。如果能够细致认真地应对客户，让客户开心，那么无论我们选择什么种类的工作都能够成功。

（4）要特别关注你的销售额

有很多在自己住宅开展创业的人总觉得"哪怕销售额少点也没什么大不了的"，这种业余的经营理念将导致你的事业难以维系。如果在付出了时间和劳动之后没有经济上的回报，那么做这件事的意义将大打折扣，同时也难以得到家人的理解。关注你的销售额才是保证一切平衡的解决方法。

（5）获得助力

从头到脚全部自己来肯定是不可能的。必须要有懂得税金知识，熟悉电脑操作的帮手给予你助力。另外如果要有一个能在你为难时设身处地和你商量对策、品德优秀的人，这样一位指导者的存在，是不是会更让你安心、更有底气呢？

（6）不能满足于维系现状，要勇于尝试

俗话说"打江山容易，坐江山难"，创业之后要思考让事业趋向合理化以及得以充分发展的方法，要经常学习、经常挑战与尝试。如果采用守势，仅仅满足于维系现状，事业将立刻转入消亡的轨迹。

（7）将自己的情感剥离出工作

在解决问题时绝对不可以带入自己的情感。特别作为上司，面对部下或顾客时如果掺杂了个人感情，一切将变得不顺利。要记得将"自我"剥离出来，优先考虑的是"为了员工……"或"为了顾客……"。

学习一些理论思考的课程也是很必要的。

不要认为低收入也可以

过分追求个性只能带来低收入

在工作中，我们要追求的是发掘自己的可能性，尽可能做到自己能做到的事情。这远比追求个性，做自己喜欢做的事情重要。

前几天，电视节目做了一期关于一位享受贫穷生活的女子的特辑节目。节目的主人公会说英语，拥有厨师资格，有赚钱的能力，做着自己想做的工作，住在一间小招待所里。她每天骑自行车去卖便宜食材的店里买菜回家做饭，穿的衣服不是别人送的就是二手的。

即便这样，像她这样的女性也会高调地向别人夸耀自己生活得已经很幸福了。她们面对人生的姿态就是，与其在公司里给人当牛做马，还不如过这样穷一些的日子来的舒服。

在她们看来，她们的理想就是不为这个经济社会中的价值观所左右，过自己的日子，活出自己原本的样子来。

这种享受最低生活成本的人也被称为"最低生活群体"。

我从客观的角度出发来分析一下，享受这种生活的女性一般具有以下特征：（1）处在求职低谷期或遇到金融危机；（2）抱有工作混过去就行，要追求生活乐趣的心态；（3）控制消费，希望将来至少有一些存款的坚定信念；（4）和同伴保持相同水准才能安心的意识；（5）不喜欢拼命工作的态度，觉得差不多就可以。

这样的群体和那些追逐梦想和目标，勇敢参与社会竞争，将消费当作美德的"团块世代"①"泡沫经济时代"的人们完全不同。

我身边也有很多20多岁的女孩子，她们不想拼命工作成为正式职员，一开始求职时就将眼光瞄准派遣制员工或者兼职打工，晚上自己做饭，一到周末就去神社或山里游览，要不就是跟朋友出去烧烤，竭尽所能享受生活乐趣。

和那些工作辛苦的女性相比，这些享受生活的女性看起来也许更幸福更有魅力。

但是，在我看来，这些只顾追求生活乐趣的女孩子却总让我觉得有些惋惜。

在工作方面的无所追求，很可能会将自己通往美好未来的可能性禁锢起来。

---

① 专指日本在1947年到1949年之间出生的一代人。

将享受生活看作生活的重点，觉得将生命中三分之一的时间花费在工作上不值得，为此情愿将生活水准降到最低的标准。这样的做法在我看来实在是一种浪费！在努力工作的同时也可以不耽误享受生活，想要两全其美其实是有法可循的。

20 多岁的时候可以过过穷日子，在这个时期可以只考虑自己，对自己娇惯一些。

但是，终其一生，我们可以一直都说"穷一点也没关系"这样的话吗？

40 岁以后，我们就过了撒娇卖萌的年纪，从一个撒娇者成为被撒娇的对象。这样一来，抚养孩子的时候、家人生病的时候，除了自己能尽的义务，需要钱的时候也越来越多。

这时就不能光想着只把自己的日子过好就可以了。

如果从工作的一开始就舍弃对金钱的追求，就无法磨砺和积累工作能力，低收入会像慢性病一样逐渐显露狰狞。如果是男性，将面临着今后无法结婚生子的风险；而女性则会因为经济状况的不稳定，或寄希望于结婚改变命运，或赖在父母身边成为"啃老族"，同时，对于失去自立能力的惶恐也会接踵而至。

虽说金钱并不能带来幸福，但由于缺钱而造成的不幸却司空见惯。话说钱多了有可能造成近亲间的争夺；钱少了又会焦躁不安，引来唇枪舌剑，最后闹得鸡犬不宁，无论哪一种情况都够悲催了。

"我只做我想做的工作""我要做我喜欢的工作"像这样片面追求个性的话，会让你的职业生涯渐渐背离经济活动的初衷（当然如果你的喜好恰恰能够赚钱就另当别论了）。

诸如"我想成为一位艺术家""我想开一家能把大家都聚在一起的咖啡馆""我要做一名旅行作家"的想法，虽说追求了兴趣，顺应了个性，但很难成为为你带来足够利润的事业。而你做好面对低收入的准备了吗？恐怕真有一天吃不上饭就会从此断了这个念想了吧。

如果既想从事自己喜欢的工作，又缺少一定程度的资金，那就需要拥有洞悉如何能赚到钱的战略眼光并付出超人的努力了。也确实有人按照喜好选择了工作并且顺利地开了花结了果，这些人都拥有卓越的才能，凤毛麟角，是对待工作都能全力以赴、不见成功誓不罢休的一类人。所以说，如果仅凭借爱好与兴趣，是无法在事业上成功的。

工作本身并不是多么讨喜的。

它的意义并不在于为自己做些什么，而在于要首先为别人做些什么。

所以说那些想让自己得到实惠而找到的能够满足私欲的工作算不上真正意义上的工作，不是吗？

常听到别人对我说："你能做自己喜欢的工作真是幸运啊！"虽然我做了自己喜欢的工作，但这并不意味着我有多大的才能。能够做喜欢的工作，只是我不断地发掘自己可以做到的事情，一点点努力的结果。因为我知道自己并没有什么突出的才能，所以在做任何工作时，我都会先抛开个人好恶，将自己需要完成的工作认真完成。

可能有人会认为，这样一来心中有的一定都是"辛苦""痛苦"这样的负面情绪。但是，当你对待任何工作都竭尽所能地去做时，你会渐渐发现工作的乐趣，心中也会逐渐对工作涌出"爱意"。

与其自己选择工作，不如让自己成为别人所期待的合作伙伴。让自己成为别人期待的同事，成为可以让他人依赖的人，这样一来你会获得更大的选择范围。这一条法则既适用于做公司职员的人，也适用于想要自己创业的人。

所谓"喜欢"，是只有先得到了回应才能到来的感觉。

不亲自工作的人是无法了解工作的乐趣的。合不合适的问题的确存在，当你抱着铁杵磨成针的心态去工作时，就一定能守得云开见月明。

　　真正的自己到底是什么样子的，自己喜欢的究竟是什么，这种问题其实很难有一个明确的答案。有些人终其一生都在琢磨自己的内心，如果想不明白自己想做什么、能做什么以及喜欢什么这三个问题的话，再怎样琢磨都不会发现真正的自己是什么样子的。

　　当你所习以为常的一切因为突如其来的机遇发生变化时，你的能力也会由于变化朝你意想不到的方向不断进化，无论你之前拥有怎样的生活方式或未来理想。

　　如果硬要给"个性"下个定义的话，我认为它是指能够坦然地对待自己的信念与情感。

　　所以，或许在我的经历里，我也能算得上有个性吧。

从工作中脱颖而出的方法

做一个不可或缺的"齿轮"

在工作方面，伴随着你的努力与工作方法，会衍生出各种各样的可能性。

但是，我也不打算说一些"无论是谁，只要足够努力，就一定能拿到高收入"这样的话来忽悠你。

现实是，全社会的收入都在减少。在这 10 年间，人们的平均年收入已经下降到了 50 万日元以下，特别是从发生"雷曼事件"之后的 2009 年开始，全社会的收入水平都处在一个比较低迷的状态。

收入水平降低是整个日本社会的发展趋势，所以无论多努力，无论是正式职员还是派遣制员工，谁都不可能在这样的社会背景下获得惊世骇俗的收入。

我们每个人可能都发现了，尽管工资降低了，但是我们的工作量却不减反增。出现这样的情况诚然有不可抗因素的存在，我们能做到的只是调整心态，转变工作方法，劳资双方共同协商解决问题。

我们从工作中能够获得的好处，除了工资以外还有很多。

常听到有人说"我们公司虽然工资不多，但人际关系特别好"，或者"工作很有成就感""和客户相处得非常愉快"之类的话，这样的人工作起来是轻松愉快的。他们能够感受到人际关系的友好，从工作中获得乐趣与成就感，能够实现自己的价值，能从工作中学到东西获得成长，能从收入以外的这些方面获得满足感。

能够抛开收入，从工作中的其他方面找到能够让自己快乐起来的东西，心理上获得了平衡，自然不会认为自己只是在被人榨取劳动价值了。

我们所追求的，不正是那种从工作中获得的，能够充分感受到自己存在价值的"快感"吗？

这种"快感"，是感受到了自己存在的必要性，是感受到自己能够起到真正的作用，是感受到自己能够令他人快乐之后所收获的他人无法体验到的满足感。

在和社会、他人发生联系的过程中，你将找到适合自己的位置。这样一来，你的心态也会发生转变，对待工作的态度也会从"要我工作"变成"我要工作"了。

当你开始认真工作时，你也就开始真正地成长了。

我们每个人存在于这个世界上本身已经是一件难能可贵的事情了，而当我们从别人那里得到了认可时，我们将会更确信自己的存在一定有着非常重要的意义。

这大概就是人生而为人，需要与他人共同生活在一起的原因吧。

我相信绝大多数人都能同意我的这样一个观点，就是我们中的大部分人都只是这个社会中最普通的劳动者，只是构成这个庞大社会体系的一个微小的"齿轮"而已。

在职场中也是如此。虽然我们只是一个个微小的"齿轮"，但也有一些"齿轮"一旦缺少就会给他人带来麻烦。有的人认为"反正我只是一个小小的'齿轮'而已"，与此相反，也有的人认为"既然我在这里工作，我就要成为一个有用的'齿轮'"。这两种全然不同的态度为企业所做出的贡献完全不同，被需要度也存在巨大差别。

同样是齿轮，一旦咬合不良就会让机器无法运转，变成多余的存在；相反，将自己的雄心隐匿起来，成为一个不那么显眼的齿轮，但只要能让机器顺利运转，也会是无法替代的存在，发挥重大的作用。

我们在工作中也会遇到这样的人，即便他在工作中没有取得多辉煌的成就，但他就是能得到所有人的认同。人们会评价他的笑容具有治愈功能，会认为有了他公司才能顺利运转，有了他团队才能和谐共处。

想要像一个运转良好的齿轮一样发挥自己能力，是要找一个能让自身能力不断得到进化的工作好呢，还是要找一个完全契合自己的工作好呢？

我们也听说过有一些在哪里都一无是处的人无意中找到了最能发挥自己长处的工作。

在我刚放弃工作成为自由作家的那段日子里，我也常被人轻视，也因此觉得自己可能真的是一个没用的人。但是，在我的内心深处，始终有一个声音在告诉我，我就像一个暂时发生咬合不良的齿轮，总有一天会找到需要我的地方的。

反过来想，如果我们自己也认定了自己是无法得到别人认可的，是多余的人，我们就无法再向前迈进一步，也会就此沉沦下去。

无法从他人那里获得认可，就应该从自身入手想办法得到认可。在工作方法与人际关系等方面多下点功夫，一定可以获得站稳脚跟的机会。

直至今天，人们也没能改变作为一个齿轮的命运。

所以根本不存在一个人能够全部完成的工作。

要想让自己不断进步，就只能认认真真工作，努力让自己成为那个有用的齿轮，不是吗？

前几天电视里播过一个关于老婆婆们创业的节目，她们将山里收集来的落叶作为菜品调味及装饰的材料进行贩卖。这些老婆婆的平均年龄为 72 岁，对山里的草木有着相当程度的了解。她们自己操作电脑进行订单发货管理及营业绩效核算，研究如何完善商品包装，各类环节事无巨细。在她们当中，甚至有人的年销售额达到了 1000万日元。

像这样，高龄者重新回到工作岗位上，平均每年每人可节省医疗费用数十万日元，其健康的身体状态甚至让村镇上的养老院显得多余了。

更重要的是，工作让这些女性脸上都绽开了灿烂的笑容。她们认为工作非常有趣，拿出了全部精力投入这份工作中，甚至常常工作到深夜。

这份充实感，是在家照顾孙子所无法获得的。

想出贩卖树叶生意的一位男性这样说过："人只有发现了自己适合的角色才能变得更强。"

在这个世界上，当我们说出"这件事情我也能做到"时，这份欣喜就是我们生存下去的原动力。

人的力量，只有在为自己的时候才能发挥出来。工作这件事，不仅仅能够为你带来经济上的实惠，还是让自己得到尊严、实现价值的手段。

婚姻

结婚与否，无关幸福

30 岁左右的女性中四分之一终身未婚?!

我经常会参加读者座谈会。在九州的一个地方，就结婚问题和一位 30 岁左右的独身女性谈天时，她的话给我的印象尤为深刻。

她说："在我住的那个街区，男性人数少得可怜。找对象的难度不逊于一场竞争激烈的比赛，赢家只有一个。真是'一将功成万骨枯'啊！"

的确，优秀的男孩子都去大城市上大学了，而老家的工作机会太少，所以他们毕业后也不愿再回老家了。而很多女孩子上的却是一些离家不远的大学或短期大学。这样一来就造成了小地方的男女比例极为不平衡。

那个九州的女孩子还对我说："回小地方工作的男性大部分都成为了公务员或者教师。优秀的男人桃花旺，最晚 35 岁前也会找到合适的结婚对象。剩下的男人嘛，你懂的（笑）。"

虽然我手上没有明确的统计数据，但是我知道，现如今有很多女孩子都是想结婚却找不到合适的对象。

虽然没有确切的统计数字，但想结婚又结不成的女性数量庞大却是真的。

有很多30多岁的女人既聪明，看上去又很可爱，既有足够的自主时间，又不缺乏金钱，她们活跃在各类讲座、文化培训以及旅行中，享受着愉悦的生活。但偶尔也能听到她们另外一种声音——"我对现在的生活并没有什么不满意的，但一想到自己有可能就这么一个人过一辈子，还是有些不安的"。

"真没想到到了这个年纪竟然还是单身！年轻的时候本以为到了自己40岁的时候，应该已经是两个孩子的妈了。"——不少四五十岁的女性到现在也没弄明白究竟是为什么。

你是不是刚刚才注意到，其实你也一直单着呢？

与此相反，有些已婚女性觉得"其实自己当初也并没有那么想结婚，只不过当时一切都水到渠成了……"其实选择结婚还是不结婚这个命题本身虽受到性格及意志的一些影响，但总体来说与明确的个人条件和信念无关，可能只不过是水到渠成的产物罢了。

但是不得不说，现在确实比以前更难以找到自己的另一半了。

现在30~34岁的女性未婚率为34.5%，比起20年前增长了不止

20%！而根据预测，目前 30 岁左右的女性到了 2030 年，也就是其50 岁左右的时候，未婚率会在 22.6% 左右，也就是说 4 个人中将会有 1 个人依旧独身（以上预测结果由日本国立社会保障人口问题研究所 2010 年版《人口统计资料集》提供）。

　　根据统计，20~40 岁间几乎所有的女性都渴望结婚生活，但如果就这么听凭缘分，坐等水到渠成的那一天，不出意料的话她们将会有很多人都结不上婚。一边慢慢变老一边保持单身，这样的生活真的难以想象。而能够正视心中的不安，将种种不安具体化并制定出相应对策的女性，恐怕少之又少吧。

　　其中的一个原因就是，独身生活的楷模凤毛麟角。

　　我们大多出生在由父母和孩子组成的家庭。虽然也存在未婚妈妈或因离婚、身故而产生的单亲家庭，但那些家庭也就自然而然地复制了那些先结婚后生子的正常家庭模式。

　　假如在我的孩提时代，未出嫁的女性都能够取得超过普通男性的社会地位，要么成为教师，要么成为企业的老板之类的，这样有了独身生活的楷模，那么今天就不会有那么多单身女性只过着普普通通的生活，任凭岁月的侵蚀。

　　还有一个原因，一些女性在年复一年保持单身的同时，采用一种积极的态度来应对。现在有些 40 岁往上的单身女性认为："虽然不想单身，但让自己快乐一点也不错啊！"当然在面对诸如"你寂寞吗？""因为没有能依靠的人所以必须让自己心细一些……""没有孩子的女人的一生啊……"这样的话题时，她们还是甩不掉那恼人的消极情绪。甚至有人一旦联想到独居老人、孤独至死这样的字眼就会陷入深深的悲观之中。

即便"我有可能结不了婚"的不安情绪常伴左右，也并不是提倡大家都去积极筹划今后的独身生活。其实找到合适的另一半的机会还是存在的，要积极地去思考"我就这么一个人过，是不是不对啊！"

单身女性的婚姻观常常被"乐观""悲观"两种情绪搅得一团糟。

如果意识不到独善其身的可能性，看不到其带来的好处与不足，或许有一天你会突然惊讶："事情怎么已经变成这样了啊？"

别误会，我说这些可不是为了威胁你。在这样一个"一生都是结婚适龄期"的时代里，对待结婚或者不结婚这件事，还是看开一些比较好。

在如今这个离婚率提高的时代里，即使结婚也有再度回归单身的风险，也可能成为独自抚养孩子的单亲母亲。再想得悲观一些，研究表明女性的平均寿命要比男性长，所以即便是恩爱夫妻，也有可能丈夫先撒手人寰，妻子一人孤独终老……

想明白了结婚后可能出现的这样或那样的后果，你就会明白，为何要有一份能养活自己的工作，有自己情有独钟的爱好，搞好和父母之间的关系，计划好老年生活的资金，建立友好互助的人际关系等，就会尽可能地为自己能够享受人生而做出积极的努力。

事实上，越是在精神和经济方面独立，就越能找到理想的对象。关于这一点我会在后文中谈到。对于我们每个人而言，最重要的不是找一个能让自己依靠的人，而是要让自己成为自己坚强有力的后盾。

如今的我们生活在一个与之前完全不同的时代里。无论是单身的形式还是结婚的形式都更加多样化。

随着建立起美好的生活方式的单身女性的增加，单身不再是一种消极的生活方式，很多女性的单身生活方式都堪称楷模。正因为单身，所以有些事情做起来会更加容易。比如准备资格证考试，进入大学或研究生院再度深造，做义工，去旅行，去国外工作，坚持自己的兴趣爱好等。当然，这些事情结婚以后也可以去做，但是单身时去做更加容易，更加无牵无挂。

我曾去过一次希腊，被那里的风景迷住，谈了一场短暂的恋爱，并且在那里小住了一阵子。这样大胆的尝试，这样随心所欲的生活状态，只有在单身时才能充分体验到。

与其分分钟警惕"我什么时候才能结婚啊？我要是结不了婚怎么办啊？"并为此浪费宝贵的年华，倒不如让自己充分享受单身生活的乐趣，去不一样的地方，邂逅不一样的人，勇敢地尝试从未做过的事情。有什么自己想做的事情，不要顾虑太多，不要考虑得失，放手去做好了！时不我待，千万不要轻易放弃了。

或者做好承担家庭责任的觉悟，从此告别所谓的自由，不是也很有趣吗？

有一点非常重要，就是无论结不结婚，都不要轻易被世俗观念或他人的评价所左右，坚定自己的想法，肯定自己的生活状态。

即便是听凭缘分、水到渠成，也要由我们亲自挑选今后的路！

感觉结婚难的人们，你们可知道为什么吗？

因为阻碍我们结婚的理由太多了

日本国内未婚男女增多这一现象已成为无法阻挡的时代潮流。这虽然不是什么可喜可贺的事，我个人认为也不是一件多么糟糕的事。

没有人会刻意去选择不幸，只不过那是在当时来看最好的选择罢了。

如果你已经遇见值得托付终身的对象却在通往婚姻殿堂的路上遇到了挫折，那么解决的方法并不是没有。

首先，不要被以往关于婚姻的典范禁锢住思想，也就是说不要盲从以往婚姻的形式，尝试着自己去寻找适合你和那个"他"的婚姻模式。

提到婚姻的形式，有人未婚同居，有人婚后分居，既有丁克家庭，也有男主内女主外的类型，种类多种多样。

我的身边，就有这么一群各色各样的人。

"都10年了，我们一起生活着，等同于结了婚，虽然从未领过结婚证，我们两个都觉得那样做没必要。我们也不想要孩子，现在的状态已经是最棒的了。"（40多岁，编辑）

"他在10年前也就是62岁那年丧偶，然后6年前我们结了婚。因为我还想要工作，所以现在由他来看孙子，让我省了不少心啊！"（40多岁，保险公司高管）

"我们两个都不想把工作辞掉，所以婚后就过起了相隔400公里的分居生活。我在娘家住，这样一来工作和育儿能够并行。现在我儿子已经快上小学啦！"（30多岁，医疗相关从业者）

就连台湾，也不缺乏这样看得很开的人。

"我很幸运，有一个支持我实现梦想的老公，刚结婚我就去日本留学了，写博士论文的时候怀了孕，回台湾两个月并生下了孩子，孩子由我父母带着，我得以顺利毕业，完成了学业。"（30多岁，大学教授）

"我两个孩子都在美国念高中，丈夫作为监护人陪读去了。我在这边赚钱养家。这已经是对于子女教育，对于家事最好的安排了。"（40多岁，公司老板）

"我其实有两个家，因为我们夫妇平时要加班到很晚，就把孩子

托付给婆家照看，我们平时也住在婆家，到了周末我们过三口之家的生活，还不错。"（30 多岁，职员）

这些女性拥有同样的特点，那就是她们都坚持着自己的生活方式，她们家庭成员的关系都还不错。因为能够放开手脚做喜欢做的事情，她们很满足，所以也经常会表达对丈夫和孩子的感谢。

要记住：再怎么样的婚姻也是婚姻，再怎么样的家人也是家人。

日本人不喜欢标新立异，喜欢自己能和身边的人一样，喜欢过普普通通的生活。这种追求平凡和中庸的"普通人的人生志向"正是日本人固有的根性。比如，像别人一样步入正常的婚姻生活，有了孩子就辞职专心抚养孩子，等孩子长大以后再做自己想做的事情等，这些做法都是日本人传统观念的体现。

我们中的很多人都是这样，即便是知道这个世界上还有很多种生活方式，自己却并不愿意去尝试。虽然知道人各有志，但理解却还很肤浅。

随着我们所生活的世界变得多样化，新的生活方式、新的工作方式层出不穷。

特别是从前女性想要继续工作的话，就必须要获得丈夫的理解。如果以丈夫为中心思考的话，有很多人面临着一道两难的选择题——

选项一，"放弃自己的事业"；选项二，"放弃结婚"。怎么样，很难选吧。

但是，会不会有一个方法，让我们什么都不用放弃呢？

就算已经把户口迁到了丈夫那边，但如果在重返工作这件事上据理力争，付出一些代价又如何呢？如果能够这样想，那就离迈出第一步的时间不远了。

接下来让我们一同分析一下造成结婚难的时代背景。

关于女性不结婚的原因，有人分析是因为不想结婚的女性增多了，也有人认为是因为太多女性步入社会的结果。在我看来，这些都不是根本原因。

女性结婚难和就业难一样，一方面是自由扩大化的产物，另一方面也受到了日本本国国情的影响，我认为这才是真正的背景。

曾经的婚姻，更近似于一种义务，在每个人心中都是一件应该做的事情。那时候几乎没有女性会选择一条终其一生努力工作的路。

我曾经听到一则关于镇上一位女公务员的传闻，传闻中的这位女公务员性格很好，非常优秀。后来有一个小酒馆的老板看上了她并上门提亲，姑娘的家人觉得事已至此，嫁给这个男人也挺不错的，当场同意了，就这样两个人见了几回面就结了婚。唉！在我看来这样一个草率的决定浪费了人生中多少个选项又扼杀了多少未来的可能性啊。

　　姻缘原本很简单的，但世间姻缘又多多少少受限于亲戚、地域、公司相互契合出的一个圈子，男人首先从这个圈子里选出中意的女人，然后由女人回答"Yes"或"No"，最终将终身幸福转化成一次排列组合式的赌博。我想，几乎没有人能逃离这个围城吧。

　　时至如今，面对着这样一个赌博式的决断，几乎所有的人都选择了逃避和等待——"再等等看吧，毕竟是终身大事，还是别这么草率吧"。

　　为了找到心中的白马王子甚至有人相亲 100 多次，却还是没能确定心中的归属。诚然，要从茫茫人海中挑出备选老公，再优中择优，这些事情全都由自己承担的话确实不是件简单轻松的事。人们将这关乎一辈子幸福的事情变成一道选择题，只告诉"你喜欢什么就选什么吧，跟着感觉走"，然后再给你无限多选项，你不迷失才怪呢，必然会难于下手，无从选择。就算你克服了万难找到了心中的"真命天子"，对方是怎么想的，你又怎么知道呢？

　　也就是说，结婚这件事上，从原本的"Yes"和"No"的选择中又衍生出了无限的选项，让人无从选择，所以人们宁可选择先拖一拖。

　　所以无法结束单身的原因中最常见的就是"还没有碰到合适的对象"。要注意这里的"合适"可并不是指马马虎虎、差不多就行，而是要"与我的要求完美契合"哦。

　　你知道吗？找到真正合适你的人，其实真不是一件难事。

　　首先，你要知道，与你心意不差分毫的那个人是不存在的。我常常听到一些单身女性抱怨："我只不过想找个普普通通的，可这都找不到……"的确，照她们的要求，学历要普通、相貌要普通、工作要普通、收入要普通、人际关系要普通……就好比一张成绩表，可是能够满足所有成绩全普通这一标准的男人是不可能有的。话说"普通"这一标准又怎么来量化呢？具备什么特征才算是"普通"呢？所以说，这种"普通人"在世间根本不存在。

　　人，是优点与缺点的综合体，正所谓尺有所短，寸有所长。所以如果一切都以自己的意志为中心思考的话，就很难做出正确的决定了。

　　这一点对于你自己，以及你的那个"他"都适用。

　　女性择偶条件中最重要的两点无外乎"自己是不是喜欢对方"以及"对方会不会带来生活上的烦恼"，也就是说要能够满足女性的"恋爱"和"经济"方面的需求。

　　在日本，男主外女主内的观念已经根深蒂固，男性很难从赚钱养家的重担下逃脱，女性也多因育儿而辞去工作。对于这种传统的日本式的家庭来说，"经济"往往意味着很多很多。

　　然而，日本的现状是希望由男性养活自己的女性和养不起或根本不想养活女性的男性之间的鸿沟越拉越大。

　　像欧美国家那样，夫妻共同赚钱养家已经成为了整个社会的共识。在这样的国家里，女性需要被男性养活的观念早已落伍，男女双方在感情生活中更重视"恋爱"。由于夫妻双方可以共同合作负担起整个家庭的开支，因此在这个前提之下，男女相处时更容易被对方身上的异性魅力所吸引，由此而产生尊重，也更容易找到心灵契合的终身伴侣。

　　而在中东、非洲、中国等地区和国家，男性赚钱养家，成为一家之主。在这样的背景下，男女感情生活中更注重的是经济条件。在这些地区和国家，"男人有钱才最重要，长得丑点也没关系"的想法成为了主流，恋爱和感情都退而求其次。父母亲戚对婚姻的干预也不容小觑，他们为了日后的生活也有一定的保障，都会将经济条件列为优先考虑的内容。

　　在日本，女性在寻找理想对象时，对爱情和经济两方面的要求都很高。如果因此而找不到合适的对象，那么她们会转而寻求能带来安全感的婚姻。

当然，当找不到理想的或者合适的结婚对象时，女性们就会觉得，与其为结婚而结婚，还不如暂时不结婚，又没有马上就得结婚的必要。就这样，很多适龄女性都选择暂时成为"剩女"，这样也就促成了如今社会的晚婚化和不婚化。

很多女性都有这样的疑问，我们一定要走入婚姻的殿堂吗？

我想，如今婚姻已经从人生的"must"变为"option"了。特别是对于那些与父母生活在一起，依靠父母生活的单身青年，找一个经济条件不好的结婚对象意味着今后的生活要承担更大的风险。所以，除非是有非常诱人的条件吸引她们，或者是出现了未婚先孕的情况，否则，她们是决计不肯踏入婚姻围城的。

一位已婚女士跟我说过这样一段话："结婚这件事情就像是吃只允许选择一次的回转寿司一样。眼前明明有看起来不错的寿司，可是总想着后面转过来的寿司也许更美味，可能眼前的就这样错过了。没了眼前的，后面转过来的寿司可能也都是别人挑剩下的，真让人纠结啊！那些能及时做出选择的人还真是有勇气啊……"

虽然把男性比作寿司有点失礼，但是这个比喻还是比较贴切的。

在这样的背景下，想要结婚的话应该怎么做才好呢？

想要打破无法进入婚姻殿堂的僵局，就像我在开头时所提到的那样，需要做到以下四个方面：（1）不要被过去的婚姻理想模式所束缚；（2）想清楚自己真正追求的条件到底是什么；（3）不要以男友目前的价值来判断他的未来；（4）明白女性也同样需要工作。

在"想清楚自己真正追求的条件到底是什么"这一点上，当你能够直面自己最真实的感情时，答案就变得格外简单了。

在大多数情况下，我们不是被自身条件所束缚，而是被世俗的种种价值观所束缚。和别人做比较是无法获得真正的幸福的。

最近，有很多女性在寻找结婚对象时不再在意对方的经济条件，她们觉得找一个能够和自己一起做饭、一起外出购物的人也不错。比起能够被给予多优越的物质条件，她们更在乎自己和怎样的人在一起能够愉快地生活。

如果女性能再果断一些，抛弃所有固定的择偶条件，问题将变得更加简单。

当你以"无论怎样的男人都有可能成为我的另一半"的全新思维去看待身边的男性时，也许你会很容易地发现他们身上的一些好的品质。对我们而言，重要的不是用我们所制定的条条框框去衡量男性，而是放下成见去积极发现对方身上的优点。

"不要以男友目前的价值来判断他的未来"，就是说一切都是在不断发生变化的。有一些男性即使现阶段的状态不佳，未来也会有获得发展的可能性。

有一些男性现在年收入超过 500 万日元，但是也许将来的某一天就会因为企业重组而失业或收入减少；而有的男性在一些非常时期也许要靠打工或兼职来养活自己，但他们所具有的这种优秀的生存能力会让他们在日后机会到来时发挥出自己的能力。比起男方公司的知名度、年收入、学历，他本人所具有的智慧、人品、幽默等内在素质才能给我们每天的生活带来快乐。

也有一些男性，在女朋友的支持下开始发挥出自己的潜力，从而在生活与工作中都取得了成绩。

"没有好的对象"和"没有好的工作"有一些相似的地方，想找到一个一切都符合心意的对象很难。但从周遭寻求到一种心情愉悦的感觉却是可以的。这样一来说不定就会邂逅心仪的他或是适合自己的工作，很不可思议吧。

我的母亲在她 20 多岁的时候失去了她的丈夫。在她过了 30 岁以后又萌生了再婚的想法，于是从自己周围物色人选，出现了 3 位候选人。

　　其中有一个低学历、没有工作、没有钱的男人，他在我母亲所工作的医院进行疗养，已经 40 多岁了，是个"病秧子"。后来，这个人成了我的父亲。当年母亲之所以选择父亲，正是因为他是个无依无靠、无牵无挂的天涯沦落人。倒并不是同情他，而是母亲在上一段婚姻中曾经因为处理姑嫂关系很是头疼，所以遇到了"一人吃饱，全家不饿"的父亲就愉快地和他结了婚。这也算是根据自己的喜好来决定的了。

　　就是这样的父亲，在后来的日子中工作勤奋、事业有成、家庭和睦，我们全家人都非常幸福。所以不要太过介怀对方当时的条件，婚姻意味着两个人用双手一同创造出幸福的生活。

　　说到底，这可能并不是一个对方怎么样的问题，而在于你有没有和他厮守一世的觉悟，更像是一个需要你自己回答的问题。

　　关于结婚的原因、结婚的条件，其实怎么样都无所谓的。

　　最后我想说的是，女性一定要有努力工作的觉悟，后文中我将展开更为详细的说明。要将"婚后由丈夫独自挣钱养家"这样的想法从自己的脑海中删除，无论做着怎样的工作也一定要和丈夫一起赚钱，因为这样一来，那道横在婚姻殿堂前的樊篱才更容易被跨越。

经济独立的女性才嫁得出去

希望别人养活是有风险的

最近，在我身边的40多岁的女性当中出现了一股结婚热。"又没有孩子可以指望，一个人怎么生活下去呀。"说这些话的女人仿佛一夕之间就找到了合适的结婚对象，结婚也成了板上钉钉的事情。

如今，人们并不介意找一个跟自己年龄差距大的人结婚，跨国婚姻、周末夫妻、异地分居等婚姻形态层出不穷。有些40岁左右的人希望有自己的孩子，为此希望能够有人可以养活自己。有了这样的想法，就容易怎么找都找不到合适的结婚对象。其实，如果能跳出这个想法面对婚姻的话，也许能意外发现自己的缘分。

我有一位朋友，已经43岁了，最近她和一个带着3岁孩子的单亲爸爸结婚了。谈到婚后生活，她真是眉飞色舞、大喜过望——"我从来没有想过，都这把年岁了还能有孩子，人生真是待我不薄啊！从今往后能够陪着孩子进入幼儿园、上小学、考中学、考大学，享尽作为母亲的快乐与荣耀，太棒了！我已经迫不及待了，要做最棒

的卡通便当给孩子，让他带到幼儿园。"我的这位朋友兄弟姐妹共
3 人，之前全部单身，她结婚让她的父母和兄弟姐妹着实开心了一
把——"咱们家终于后继有人啦，热热闹闹的真高兴啊！"

如今，再婚男性与初婚女性这样的夫妻搭配多了起来。

看起来，"一生都是适婚年龄"的时代就要开始了。

结婚生子，然后成为家庭主妇靠丈夫养活，如果以此为前提考
虑结婚问题的话，这样那样的限制也会接踵而来。有很多 20 多岁的
女性早就想好了结婚以后就不再工作，因此对待手头的工作消极怠
工，寄希望于找一个经济条件好的男人。特别是那些作为非正式员
工的女性，更是怀揣着对未来的不安，期望找到一个稳定的依靠。

以前做派遣制员工的时候，我经常会在休息时间和一些女同事
闲聊。在这些女同事里，很多人对待自己的工作非常认真，即便如
此，她们中的一些人还是希望能够早点和男友结婚从此不再工作，
或者希望到一个能够找到优秀男人的地方工作。对她们而言，对待
结婚的兴趣要远远大过对待工作。既然没有希望找到好的工作，那
就索性寄希望于结婚吧。

然而，现实却并不那么美好。

和持有"要靠人来养活"想法的女性人数相比，现实中无法养

活妻子的男性人数在不断增加。

在民营企业中工作的 30 多岁的男性的年平均收入为 434 万日元（根据日本国税厅 2011 年的调查数据）。当然，这还是所谓的"平均水平"。在男性当中，年收入处于 300 万日元这个水平的人占绝大多数，而且这些人在今后一段时期之内年收入提高的可能性并不大。

与此相比，根据一项网络调查显示，有七成女性希望自己的另一半年薪在 500 万日元以上；有五成以上的女性甚至希望另一半的年薪达到 600 万日元才比较理想。

而这个"理想"，显然和实际差距太大。不要说"理想"，即便是男性收入的平均水平，和现实的状况相比也存在着相当大的距离。

从男性的角度来看，哪个男人愿意找一个寄生在自己身上的妻子——她们会肆无忌惮地享用自己辛勤劳动换来的果实，毫无顾忌地挥霍自己辛苦赚来的血汗钱，甚至会缩减自己可以自由支配的那部分收入。所以说，很多男性在婚姻面前打退堂鼓的行为其实并非毫无道理。

对那些"依存型"女性敬而远之的不仅仅是那些低收入或中等收入的男人。即使是那些高收入的男人，只要稍微预测一下将来生活中可能出现的情况，他们也会对娶一个没有工作的妻子有所抵触。

以前那些高薪阶层男人们的妻子虽然最终也成了家庭主妇，但她们大多数都曾和丈夫同在一所大学读书，同在一家企业工作，同在一个战壕里奋斗，同样也拿过高薪。

一方面，那些十几岁、二十岁的女孩子自然拿不到高工资或者根本就没有工作，这时有一些人宁愿选择早早结婚（当然并不是所有女孩子都这样想）。

结婚，并不一定要在同一个社会阶层中选择对象。

现在最难走入婚姻殿堂的就要数中产阶级了。女的想着靠男人养，男的却根本不想养，这种思想上的鸿沟现在愈来愈大，难以填平。

想要找到解决这个问题的对策，就要抛弃掉除了收入以外的其他幻想。虽说找到一位年收入 500 万日元的男人同样可以解决问题，但是有个更为可行和现实的对策，那就是——女性也要努力赚钱。

即便对方只能每年赚到 300 万日元，但如果你能赚到 200 万日元的话，加起来就是 500 万日元了，梦想中的生活自然不在话下。这样一来各自有各自赚到的钱，使用起来也就更加自由了。如果能够把钱筹划好的话，每年一次海外全家旅行就不会遥不可及了吧。

对于那些育儿辞职型的家庭来说，最容易陷入贫困境地的时期就要属因育儿辞职后没有工作的时期和孩子迈入高中或大学也就是婚后 15~20 年的时期了。聪明的女人就算辞去了之前的工作，也会找一些工作做下去，获得稳定的收入。

返回来看，传统的"男主外，女主内"的家庭分工模式在现在的日本已经越来越难以维系了。

但是在另一个方面，"男女均摊工作以及家庭责任"的概念还真不那么容易实现。

既然女性参与了社会经济活动，那么家务活、抚养孩子之类的重要又没有报酬的工作又该由谁来完成呢？这个课题似乎根本没办法解决。虽说世界各国都将构建男女平等、共同参与建设的社会形态作为目标，但在家庭这个层面，不同人有不同的想法，所以这个目标并不那么容易实现。

虽说现在成为正式员工的女性更多了，但不得不说家务以及育儿这类的事情主要还是由女性来负责的，不是吗？

对于那些能像男人一样赚钱的"独立型"女性，找到一个能够生活自立的丈夫是很必要的。但即便是现在，几乎所有的男人都认为"如果可以的话，还是希望这些事由女人来做""家务、育儿本来就是女人的天职呀"。可以说，这种依赖思想仍旧根深蒂固。

　　所以，今后我们要提倡和追求的，是成为"在经济上能够自立的妻子"以及"在生活中能够自立的丈夫"。

　　另外一个很重要的好处就是，这样一来双方都能够获得精神上的自立了。

　　毫无疑问，我们正处在时代的过渡期，这一时期非常容易产生纠葛与混乱。所以拥有能够相互理解、宽容对方的精神力以及沟通协调的能力就显得尤为重要。

　　另外，经济以及生活上的自立也能够让夫妻之间培养出更多的爱情与尊重，这些积极的情绪会在夫妻之间扮演更为重要的角色。

　　因为如果没有了爱，家庭就难以成立，家人也就不再是家人了。

　　曾经，我们对于这些情绪上的体验不够重视，只是由于夫妻双方存在着依存关系，想要离开对方也并不是一件容易的事。但如果双方都能够依靠自己活下去的话，那么无论是聚是散，问题都会变得简单很多。

　　反过来想想，其实这又何尝不是一个契机呢？让夫妻双方精神方面的联络在婚后生活中发挥更重要作用。

　　近来，将家庭放在首位的夫妻渐渐多了起来，这也可以说是时代的产物。

拥有共同的目标、欣喜于对方的成长、积极地寻求符合自身特点的夫妻关系，共同构筑属于两个人的幸福，夫妻之间，理应如此。

彼此补足对方的不足之处，彼此拿出自己的优点来共同协作，结成难以动摇的稳固关系，这才是正常的相处之道。而过于依赖对方，两个人彼此都会很辛苦，也就无法构筑起正常的人际关系。

我第一次访问台湾的时候，非常惊异于台湾男性所拥有的进步的想法。

在台湾，女性要和男性一样工作被认为是理所应当的，成为全社会的共识，丈夫能够非常理解妻子有时需要加班到很晚，以及为了提升事业而在晚上或者假日参加研究生课程或者专业技能培训。他们对于家务、育儿之类的工作也十分积极，很自然地显现出不分男女、能者多劳的姿态。

"女人出门工作、赚钱养家这对所有家人来说都是一件好事。"不得不说，我被这样一种对于金钱的价值观所深深打动了。人的成长与成功不应被一些没有意义的事物所阻碍，我们应该给予彼此足够的尊重。

台湾还有一个特有现象，那就是女性在婚后能够获得很好的工作环境进而得以茁壮成长，千真万确。正在研究"工作中的女性"

这一课题的我，对此有着强烈的兴趣。

　　我认为日本的婚姻模式也从原先的"男＋女"这样一种按照责任和义务维系的婚姻逐渐转变为由个体、个性所构成的婚姻，可以说"Unit 婚姻"时代就要来临了。

　　想必到那时，生儿育女这样的事就会从"男＋女"模式的樊笼中脱离出来了吧（笑）。

致恋爱不顺者（一）

没有钱吗？平时太忙了？觉得恋爱太麻烦吗？

在思考"结婚变难"这一状况的时候，其实还有一个课题是必须要考虑到的。

那就是在我们步入婚姻殿堂之前，恋爱是不是已经变得困难了呢？

本来最能享受到恋爱快乐的20多岁的男女中，有越来越多的人选择了单身，我能感受到他们对于恋爱的热情与憧憬逐渐在萎缩。

就在我的周边，视线所及的，就能看到很多年轻人，他们甚至对待工作都会热情满满，但说到恋爱——"恋爱？能和谁恋爱啊？哪有什么好人啊？""恋爱？我可没有这么奢侈的想法。"尽是些这样的论调。这样虚度青春是多么浪费啊！在以前，即便是为了回绝那些热心给自己介绍来根本不合适对象的人，也会采取非常柔和的方法——"你是不是已经有了中意的人啦？""嗯，这个嘛，呵呵。"现在倒好，我彻底糊涂了。

统计数据表明，18 ~ 34 岁的未婚青年中，有六成男性与五成女性根本没有交往对象，其中有近半数的人给出的原因是：根本没有交往的意愿（以上数据由日本国国立社会保障人口问题研究所提供）。

这样的数据无论是和其他国家比较还是和曾经的日本比较，都足以令人感叹了。

特别是日本男性，光顾风俗业的次数绝对遥遥领先于这个世界上其他任何一个国家，但他们与女性交往的比例却小得可怜。

很多人还存在这样一种矛盾——"我并不那么想要恋爱，但是确确实实想要结婚。"也就是说，这些只想结婚不想恋爱的人把恋爱作为了结婚的必要条件来考虑。

与其说是"先恋爱再结婚"，还不如说是"先结婚后恋爱"（除去一部分极为特殊的恋爱）。

这个国家已经完完全全失去了对恋爱的诉求和享受恋爱的文化，不是吗？

为什么年轻人丧失了恋爱的欲望呢？

在询问一位我认识的 25 岁男孩时，他这样回答我："最重要的原因是我没钱，生活还很忙，实在是太麻烦了！"这不也就是说恋爱的价值不足以让人去花费金钱、时间与工夫吗？也许不会是全部，但是恐怕会有很多很多年轻人会这样为自己辩解吧。

　　首先，受经济低迷影响，在日本，"钱不够"之类的经济问题不单单是男性的烦恼，对于那些坚持 AA 制的女性来说也是一个不小的问题。

　　谈到恋爱，就不得不面对约会花费、礼物费用、偶尔的旅行消费、为约会准备的衣服费用等，总是有这样那样的理由要花钱。

　　有的男性认为因为那些不喜欢的对象而花这么多钱太浪费了，如果手头不宽裕的话还是饶了我吧，别再这样反反复复地约会了。记忆中经济泡沫尚未破灭时由华丽的约会、昂贵的圣诞礼物点缀的恋爱时代早已远去。恋爱就意味着花钱，这不和我们花钱去娱乐很像了吗？

　　其次是"我太忙"之类的时间问题。那些平时加班到很晚、休息日想做一些自己喜欢的事或一直睡下去的年轻人，还有那些一直忙于自己的事务的人，确实很难提起精神来特意花时间和别人相处。甚至一些 20 多岁的女性觉得"和那些不想结婚的人再怎么交往也是对时间的浪费"，她们根本不想浪费这些"毫无意义"的时间。

　　但是，对于恋爱来说，实在是没有必要做出这样一副如临大敌的姿态来。

年轻人缺少金钱和时间是必然的。但是恋爱并不意味着每次都要到豪华的餐厅用餐，或是身着昂贵、华丽的服装啊。世界各国的情侣们不都是在公园之类的地方踱步徜徉，一边悠闲地啜饮着外带咖啡一边诚挚地互诉衷肠吗？

接下来是"太麻烦"之类的精神层面的问题。我觉得心情可能是最大的症结所在了。

恋爱，第一眼看上去似乎会给你带来很多浪费，又不能让你一切随心所欲，总之是件很麻烦的事情。有了这样的印象，迫切地想要知道对方怎么看自己，尝试摸清对方的底，为了知道对方的事情而制造很多次会面，却因为一些意见上的小分歧而吵架……要想在这种反反复复、一进一退似的沟通中寻找到快乐和幸福，我只能祝福你有足够充沛的精力了。

"我好喜欢他（她）"，如果这样的信念很强大的话，就另当别论了。如果你的心中已经被一个人所填满，你会焕发出更多的热情，这时候金钱与时间都不是阻碍了，你会努力创造与这个人见面的机会。

但是，如果情到最浓时和这炽热的爱恋来个面对面的碰撞，却常常会受到伤害。这种受伤的风险，不仅是年轻人，就算是那些非常成熟的人也有可能低估它的影响。

前些天，我的一位朋友 R 女士（30 多岁）找我谈论关于她恋爱的一些事。

"这半年的时间，我们每天晚上都会通电话，但我还是不知道他对我的想法。每天只是聊聊天，周末约会的时候也只喝过茶。这么处下去绝对没戏啊！"

"那你告诉他你想成为他的女朋友了吗？""没有，我害怕被拒绝，要那样的话说不定连朋友都做不成了。"朋友一边回答我，一边把头摇成了拨浪鼓。

"究竟要不要交往，要不要结婚，你自己先搞清楚再说吧！"在听到这样的话时，恐怕有不少女性会焦躁不安吧。

女性不愿受伤，不愿率先确立恋爱关系。其实何止是女性如此，在爱情中，男性也同样抱着怕受伤的想法。正因如此，那些不需要承诺的爱情才会让人觉得轻松吧。

如今，这种在感情中怕受伤害的倾向在男性中表现得更为突出。有一些男性认为现实中的爱情充满了风险，因此转而追求网恋、游戏恋爱等虚拟世界中的爱情。还有一些男性，甚至更愿意去夜总会等可以用最快的速度满足自己欲求的场所。当然，从另一个方面来说，如果有精力做这些事情，那也还算正常。能用网络交友之类的工具与人们交流，从而找到与自己境遇相同的朋友的话，那也算是一件好事。

无须对那些说"不想谈恋爱"的男女一遍遍重申恋爱是多么美好。即便不愿意恋爱，只要有自己的爱好，自己热衷的事情，那也算是另一种幸福。于我们而言，恋爱并不是所有人的必需品。

对于那些想谈恋爱的女孩子，我的建议是，先不要抱着一定要结婚或一定要找到另一半的想法与人交往，而是应当适当地和不同的人接触，扩大自己的交际范围，重视人与人之间的正常交往，也许就能从中发现自己心仪的恋爱对象呢。

暂且放下是否可以顺利结婚的想法，不要顾虑太多，哪怕是单相思，也要充分享受爱情的美好。有了"爱"的感觉，说不定女性也会有主动出击的时候呢。

一个 20 岁的女孩子在一次酒会上突然向在座的男士们提了这样一个问题："各位年轻的时候曾主动搭讪过女孩子吗？"其中三位即将奔三或三十岁出头的男士马上摇头回答："没有！""啊？"提问的女孩子一脸惊讶："你们连搭讪女孩子的经历都没有啊？我都有呀！

看到不错的男人，我马上就跟人家打招呼，问他要不要一起喝杯茶。嗯，虽然最后喝完茶就各回各家了。"

"你好勇敢啊！"男士们的目光中马上就充满了对女孩子的崇拜。这真谈不上勇敢，只是面对自己的感情时不懦弱。

想要开始一段恋爱，你可能还要设法知晓对方的真实想法。这事儿可不那么容易，是个烫手的山芋哦（笑）。

即便是那些较晚成熟的男性，只要有了"我肯定能被她喜欢"的自信，就很有可能会做出一些积极的改变呢。

我想日本男性的优点和好处可能并不在此吧。

恋爱本就是件以自我为中心的事情，自然要让恋爱符合自己的理想和心意。如果依赖心太强的话是无法前进的，即便在交往中也很难顺利。

要听凭自己内心最真实的想法，不要过分依赖任何人，相信自己的好恶就足够了。

比起被对方所喜欢，其实更重要的是提高自己对于爱的感性认知能力，不是吗？

致恋爱不顺者（二）

"女汉子"和"男姑娘"队伍的壮大让恋爱更加艰难

人们普遍认为之所以会出现恋爱变难的现象，是因为受到社会上"个人化"思潮的影响。

"个人化"体现在工作和结婚上，其实并不是要我们"抛弃女人"或是"抛弃男人"。上天赋予我们男女之别，我们理应收下这自然的馈赠，享受其中的欢愉。

但是如果据此就说女性就应当充满女人味倒还有些牵强。

不要强加限制，保持最自然的状态不是很好吗？这样能够引导我们调动和发挥出各自的优点和长处。

然而，随着社会上"男女平等"和"淡化性别"思想的持续升温发酵，有更多的人成为了"女汉子"和"男姑娘"。

我有一位30多岁的朋友S女士，她在一家大银行中做营业工作。

纵观10年职业生涯，时而因纠纷与客户打个血肉横飞，时而与上司意见不合而舌战群儒，时而因木秀于林惨遭同事的排挤，总之她经受了不少苦难。

这着实给S女士通往婚姻殿堂的路上添了很多障碍。

"即便是在约会，我也常常聊着聊着就说起了工作的事情，话说现在的男人也太幼稚了，只顾着抱怨自己的公司，真想直接把话撂给他们，让他们振作起来好好工作啊！"

对于勇敢而可靠的S来说，几乎所有男性与她相比都会显得羸弱。然而就算是如此独立的S，她所希望的也是一个拥有男子汉气魄的男人。

对于男性来说，他们中大部分人都喜欢那种温柔可人，耐心细致的女人。而且，还有很多男人认为，工作这样的事情是无法跟女人掰扯清楚的。

在一些男人的眼中，兴趣爱好与享受生活远比工作重要。因此，有些男人追逐时尚，在意护肤，带着自制的便当上班，到处寻访好吃的点心……在这些传统印象中只有女人才乐在其中的事情上，这些男人投入了大把精力，乐此不疲。

在如今的社会中，性别之间的樊篱已经消失，男女性别之外的分界线开始模糊，人们更加追求天性的解放，开始关注自己本身的喜好。

像 S 那样不擅长跟男人撒娇，被现实磨砺得具有男子气魄的女孩子并不在少数。然而在恋爱中，男女之间的角色安排却始终没有发生任何变化。

在两性关系中，可能不同的国家有着不同的做法。拿美国这一类的国家来说，这些国家的职场女性看起来开放摩登，但在她们看来，男人目不转睛地盯着她们看或者搭讪她们一起进餐是一种近乎性骚扰的行为，有可能被她们诉诸法律，引发赔偿问题。

而在希腊，女性在职场中着装可以大胆暴露春光无限，上司在和女下属打招呼时开一些类似"无论何时见到你总是那么漂亮"或者"我还没结婚呢，跟我交往怎么样"之类的玩笑也是常有的事情。有些女性甚至会有"被男性注视有什么不妥吗？被人盯着看是女人的荣耀啊，总比没人看好吧"这样的看法。无论是孩子还是老人，各个年龄阶段的人都不愿放弃身为女性所拥有的"特权"。

在日本，很多女性极度嫌恶被上司目不转睛地盯着看。在职场中，很多女性不喜欢别人把自己当作"女人"来看待。为了不让自己的女性特质在工作中给自己带来麻烦，她们将身上的"女人味"舍去，变身成了"女汉子"。虽然她们会在发型和美甲方面保留女人的特权，但她们的工作阅历、工作时间都足以媲美任何一个男性。

　　总之，无论是"女汉子"还是"男姑娘"，这样的变化都是社会自然发展的结果，也并不是什么坏事。当然，与此相对应的，我们的婚恋观念也需要有所转变。不要过分在意对方是否够爷们儿，是否有女人味，要紧的是考察好对方的人品。

　　说到这里，顺便提一下 S 吧，她已经成功找到了自己的另一半，对方是一个比她小一岁的木匠。她很自豪地告诉我："我家那位呀，无论是书架还是餐桌、椅子，什么都可以自己制作，很厉害哦！"我才明白，原来，她想要的爱情，其实就是这种样子的呀……

　　无法预料未来会和怎样的人坠入情网，这才是爱情的有趣之处。

　　爱情也好，人际交往也好，不亲自经历，你永远不会知道自己会遇到怎样的人，不会知道该怎样做才能更好地将关系维系下去。

　　所以，去认识更多的人，去尝试着与更多的人交往吧。

　　这样，你一定会在 10 年之间遇到完美的爱情，收获完美的婚姻的。

觉得生孩子很难的，我有话对你说
不按常理出牌就能生活一帆风顺?!

不仅仅是单身的人，就连很多已婚女性也会感觉"生个孩子很难"。

那些单身的人，首要任务是要找到一个结婚的对象。

对于已婚者来说，一旦生产就要拖累两个人，让家庭经济捉襟见肘，总之总会有一些障碍存在。

第二次世界大战后，日本社会少子化现象日益加剧，女性平均一生的总和生育率降至 1.39。那些适龄男性经常将其归咎于女性变得不再愿意生养了。女性们则用"我们倒是想生孩子，但是生不起啊!"来反驳男性的观点。其实 20 多岁的适龄女性几乎都想生下自己的宝宝的。

究竟是为什么呢? 为什么没人生孩子? 为什么千千万万普普通通的女性无法完成一件对于女性来讲很普通的事情? 为什么少子化的进程无法遏制呢?

其实世界上还有很多发达国家和日本相似，自 20 世纪 70 年代，也就是从女性得以积极入世开始，遭遇了短期的少子化危机，之后多数国家的出生率逐渐得到了恢复。

日本国内为应对少子化现象，采取了诸如提高儿童津贴、修整托儿所以及调整育儿休假等众多对策。然而，即便这些对策能够产生一些效果，也无法从根本上解决问题。

我之所以这样说，最重要的原因是造成非婚化和晚婚化的背景，也就是上文所论述过的"恋爱困难"和"经济困难"就像拦路的老虎一样横亘在我们面前。

人人都知道早早生下孩子最好，但是说起来容易做起来难。早早结婚、早早生子必然会面对离婚以及经济困难的风险。

妊娠以及生产与结婚不同，很难事前进行规划与展望。在这里，我将提前 10 年制订妊娠、生产计划时所需要注意的贴士告诉大家，大家只需要记住以下几点就足够了。

（1）工作要与结婚、生育同时进行，不可偏废

在生孩子这件事上，如果一味想着先积累一些工作经验或者等存够了结婚、生育所用的钱再说，就只能一再搁置了。有的女性希

望趁着年轻结婚生子，她们将婚姻生活看得比工作重要，工作对于她们来说是可有可无的。但是，人生能不能按照期望发展下去却是未知数。所以，如果真的想要孩子的话，最好先将工作与婚姻生活放在同等的位置上，同时对这两个方面进行规划，这才是明智的选择。这样，当爱情或孩子幸运降临时，即便你需要根据自己的情况暂时中断自己的工作或保持原地踏步的状态，也可以随时重新开始或即时做出改变。

此外，在用钱方面，健康保险中有育儿津贴、育儿准备金等项目，所以在生育孩子时钱并不是什么大问题。比起结婚或育儿时需要花费的那些费用，更值得女性担心的其实应该是失业后一段时期之内的生活费来源。正因如此，我们才更应该对结婚生子和工作进行统筹规划，不可偏废其中的任何一项。

（2）不要太纠结于结婚、怀孕、生子的顺序

有很多人始终想不明白婚姻为何物，因此即使有恋人也不愿意过早进入婚姻的殿堂。对于这样的人来说，想要孩子的最直接的办法就是同居。

法国的出生率之所以高，除了有国家公共制度的支持之外，另一个重要原因据说则是这个国家三成以上的同居率。同居率高，自

然会生出更多的孩子。而未婚先育，则需要整个社会的理解。在日本，很多30多岁的独身男女依然和父母住在一起，这样就很难出现奉子成婚的情况。（当然，和父母一起住也有一定的好处……）

在结婚的若干理由中，"奉子成婚"也成了当下的一种趋势，因此，和"结婚→共同生活→怀孕"相比，"同居→怀孕→结婚"这样的做法倒也算是顺应时代潮流。

有一点需要注意的是，在怀孕以前，必须要首先保证男女双方都有结婚的意愿。轻易选择未婚先孕，事后需要承担的风险可是无法估计的哦！

（3）对高龄生育需要承担的风险要有心理准备

如今，大部分女性都选择在30岁以后再生孩子。很多女性都希望在职场积累足够经验后再生儿育女，而她们所面临的直接问题就是，一结婚就步入了高龄产妇的行列，很可能因为年龄原因遭遇生育困难。那些在工作上非常拼命的女性则更有可能面对这样的风险。

为了克服这种问题，如今有了更多治疗不孕的方法，这些方法给众多女性带来了福音。很多40多岁甚至50岁的艺人在这些方法的帮助下成功怀孕生子，这些实例给了那些高龄产妇们信心，认为只要努力就一定能成功怀孕。然而，即便有了这些治疗不孕的方法，通过这些方法让不孕的高龄产妇怀孕的成功率依然很低，此外，用于治疗的高额费用也让很多人吃不消。有不少大龄女性辞职回家专心调养备孕，却难以顺利实现自己做母亲的梦想。

对那些大龄或者因为其他原因无法生育孩子的女性来说，能够帮助她们怀孕的先进医学技术本身就具有一定的风险。所以，想要借助医学技术怀孕，就要提前做好吃苦和承担风险的心理准备。做出了选择，就要有尽人事听天命的觉悟，要做好迎接挑战的准备。

（4）没钱也有没钱的养儿育女方法

在如今的世界上，很多年轻人都觉得"自己一个人过的话在经济方面太紧张了，还是找一个人一起生活吧"。而在日本，年轻人却认为没有钱就没法恋爱结婚，更没有办法养育孩子。

日本社会的这种现状和长期以来那种"男人挣钱养家"的价值观之间是有必然联系的。在我看来，即便没有钱，也完全可以按照没钱的办法过日子，两个人一起合作赚钱养家，只要转变观念，就一定能找到解决问题的办法。

此外，在为孩子的生活和教育消费时，只要跳出固有的"要和别人家一样""要一直保持足够水准"的观念，其实也会有众多选项可供选择。

（5）已婚者在养育孩子时不仅要重视经济，更要重视分工

世界上出生率不断上升的国家与出生率不断下降的国家之间存在着一个非常明显的差别。在出生率高的国家中，通常是夫妇二人一起工作赚钱养家，同时夫妻双方在工作与家庭中的职责分工比较有弹性。而在出生率低的国家，特别是像日本和韩国这样的国家中，夫妻双方在家庭中的职责分工则相对固定。出生率的降低并不是因为"男主外女主内"这样的传统价值观的崩塌，而是因为在女性也积极投身于工作的现代社会，这种家庭分工的状况非但没有发生任何改变，反而让女性在分工方面承担了更重的负担。

但是，对于女性而言，当丈夫在加班后拖着疲惫的身体深夜归来时，"你也为我分担一下家务和照顾一下孩子吧！"这样的话实在是难以启齿。还有一些丈夫，本身就对妻子有工作的事情怨声载道。作为一个女人，工作的同时还要承担照顾家庭和教育孩子的重任实在令人吃不消。于是，家庭与工作让女性陷入了两难的境地：想要工作，生育孩子就要暂时搁置；想要孩子，工作就要告一段落，二者当中总要舍弃一个。

已婚的职场女性若是想要孩子，在家庭职责分工方面下一番功夫，和丈夫一起承担家庭和育儿的责任才是解决问题的关键。必要

时还要借助一下双方父母和兄弟姐妹的力量。如果实现以上这些方案有困难，那不妨尝试请保姆或将孩子送去育婴中心等办法。请专业机构帮忙照料孩子，请人帮忙料理家务，也不失为减轻自己肩上重担的好方法呀！

（6）灵活对待女人"必须要做"的事情

在单身女性当中，有很多人认为不结婚不生孩子就是一个不孝顺的女儿。而那些已婚却无法生育的女性负罪感更深。她们有的认为自己对不起丈夫和父母，主动要求离婚；有的甚至愿意丈夫和其他女人生一个孩子。

有了孩子的女性也同样要背负很大的精神压力。为了孩子辞职或暂时离职，她们会为自己的离开给同事带来的麻烦而感到抱歉；想要同时兼顾工作和孩子时，又会认为自己在孩子最需要母亲的幼年时期离开孩子去工作算不上一个称职的母亲，从而产生一种对孩子不够负责的罪恶感。唉，做一个女人，真是无论生不生孩子都要被束缚和苛求啊！

那么，为什么不让自己灵活处置那些"女人必须要做的事情"呢？其实，不需要苛求自己不给别人"添麻烦"，我们完全可以在有需要的时候"麻烦"一下别人。不要总是用"好女儿""好太太""好母亲""好员工"等理想状态来要求自己，这才是将自己从各种"负罪感"中解放出来的办法。这个世界上可供我们选择的选项有很多，所以卸下肩上的种种责任和负担吧。

（7）享受没有孩子的幸福

如今，很多女性的观念已经发生了转变，不再认为生孩子才是女人最重要的工作，也不再认为家庭中必须要有孩子才会幸福。这样的观念实际上是一种非常积极的生活态度。即便没有孩子，也能享受没有孩子的幸福。

试想一下，是执着于没有获得的东西更能感觉到幸福，还是享受当下拥有的一切更能感觉到幸福呢？生孩子或者不生孩子并不是问题的关键，重要的是从自己目前所处的状态中发现最好的生活方式，这样才能幸福地生活下去。

家庭

不让自己后悔的四个要点

使女性远离风险的家庭本身就会制造风险?!

提起家庭，我们脑海中联想到的都是"温暖""安宁""紧密相连"等幸福感满溢的词语。有一个家人之间守望相助，共同分享彼此喜悦欢乐的家庭，仅是如此就能够让人心里有底，心中充满安全感。

然而，人有的时候就是那么一种任性的生物，有了上天赐予的美满家庭，却将这种幸福视为空气一般理所当然的存在，非但不能从中感受到幸福，反而认为自己算不上幸福，整天到处发牢骚，抱怨家中的一些琐事。

为了10年之后的我们不会变成这个样子，我们不但要明白家庭赐予我们的恩惠，还要清楚家庭可能带给我们的种种不顺心。认为家庭生活不幸福，从某种角度来说，也是因为我们对家庭生活的期望过高造成的。

说到这里，我忽然想起前几天看电视剧时偶发的一点儿感悟。

　　"到底从何时开始，电视剧里传统的日式家庭模式就消失不见了呢？"

　　昭和时期的电视剧里，通常都会有一个总被孩子惹得暴跳如雷的顽固老爸，一个系着围裙温柔贤惠的老妈。在这样的电视剧里，"妈妈如果不温柔，就不像妈妈了"就是对"母亲"这一角色的提前设定。

　　这种角色的设定根源于人们的内心，也许母亲到底是怎样的形象我们很难用语言描述，但我们每个人内心深处都有着对母亲最真实的印象，或许并不耀眼瞩目，但绝对长存心间。电视剧中不乏存在着诸多问题的家庭，但这些家庭的伤痛和问题总会在故事的发展中得到修复和解决。

　　但是，这样的家庭模式也许已经让人感到厌倦，也许无法让如今的人们产生共鸣，所以这样的家庭模式开始逐渐消失在电视剧当中。

　　取而代之的，是诸如婚外情、单亲妈妈或单亲爸爸、家庭暴力、家庭分裂、欺负孩子、长期闭门不出等负面的社会现象。

　　不，你可千万不要就此认为这就是平成时期的家庭模式！

　　无论是怎样的家庭，在谈到电视剧时都会认为电视剧中的那种家庭在现实中的确存在。与昭和时期的家庭相比，如今的确存在着一些比较极品的家庭。也就是说，在如今这个时代，家庭模式已经呈现出了个性化的趋势，从前那种理想化的、具有普遍性的家庭模式已经不能代表整个社会了。

现在，随着家庭模式朝着个性化的方向发展，父母子女之间的关系变得更加亲密，出现了孩子不愿意离开父母生活的趋势。在一些地方，有的家庭两代人或者三代人都居住在一起，有的家庭长期单身的子女一直与父母同住，还有的家庭子女养育下一代的费用以及生活费都需要老人帮忙支付。

在当下的日本社会中，人们经常说"占人口少数的年轻人必须养活占人口多数的老年人"，然而事实却并非如此。在很多家庭中，往往是有能力工作的老年人在养活着年轻人。

所以说，家庭的温暖和家人之间的互相帮助虽然可贵，但却不利于年轻人的独立。年轻人应当在精神上自立起来，而不是简单地被父母的意志左右，想要实现父母的期望，就应该由自主的行为来实现。

说到这里，我们还要简单介绍一下昭和以前的日本家庭的情况。

在那个时期，大部分的女性结婚是为了生活，是为了得到经济上的保障。家庭对于女性而言，是抵挡外面各种危险的避风港。

"作为母亲，必须把孩子的事情放在第一位。""作为妻子，顺从丈夫，支持丈夫的工作才是本分。"在这样的观念之下，妻子们无条件地服从丈夫，支持丈夫，她们本身不会对此产生任何疑问。对那个年代的女性来说，能够有所依靠才是她们人生中最大的追求。

而另一方面，那个时期的男性就是家庭中的顶梁柱，无论工作多么辛苦也一定要守护住自己的家庭。这样一来，就形成了那种"即便牺牲自己也要保全家庭"的家庭中心精神。

不，准确来说，在家庭成员心中并没有明确的"牺牲自己"的概念。对那个时期的人们来说，无论是男性还是女性，都将自己当作家庭中不可或缺的一员，都认为自己对家庭做出的一切都是理所应当的。在他们心中，并没有"要活得有自己的个性"这样的观念。

在我的老家鹿儿岛，"男尊女卑"的观念根深蒂固。大概三四十年前，吃饭时要专门给父亲加一样连孩子们都吃不到的菜，洗澡时通常是父亲先洗，洗衣服时也要特地把父亲的衣服分出来细致地洗干净。在我家，虽然主要赚钱养家的是我母亲，但家中依然充满了"父亲才是最伟大的"气氛。

像这样，父亲在家庭中拥有绝对至高无上的地位，相应地，这也就造成了家庭中父爱在一定程度上有所缺失，并不完整。这种情况既有弊端，也有好处，那就是能够保障家庭的稳定，给整个家庭带来安全感。

在学校或者公司，恐怕总会有一些令人发怵、难以相处的老师或前辈存在吧。

我偶尔会和那些面沉似水、极难相处的成年人或是狂妄自大、不知好歹的小字辈产生一些口角，但总能及时化解。这可能要得益于这个严守尊卑、上下有序的社会，每当这时候我甚至会产生一种想要把这种社会关系一直遵守下去的安心感觉。

一个尊重个人自由的社会理应让女性得到解放，解放她们的生活状态以及思想。

夫妻基本平等的现代家庭能让女性心情得到充分放松，这毫无疑问正是女性们所期望得到的。

也就是指由原先的"先有家庭才有家人"转变为"先有家人才有家庭"，提高家人作为个体在家庭中的话语权。

然而，这样的做法让家庭不再是温馨的避风港湾，而变得充满风险。因为从女性的视角来看，这样做本身就带来极大的风险。

等等，这究竟是怎么一回事呢？

　　首先，在现在的家庭中，女性由谁来养活？谁能养活？这个问题变得复杂了。

　　此外，女性为怀孕育儿而辞职后，家庭所背负的贷款也是种极大的风险。另外，婚后不能再自由支配自己的时间与金钱，也是一种风险。女性从此不能只顾自己的感受了，而要辛勤照顾整个家，日复一日，年复一年，这也是风险。

　　还有夫妻关系、子女教育、姑嫂关系、老人的护理以及步入老年以后的问题，等等。面对这么多的问题，我们怎能安心呢？

　　一言以蔽之，一个家庭所面临的风险是极大的。

　　既然这样，那为什么有那么多女性想要组成家庭呢？

　　有人是为了能够生孩子，也有人是为了寻找一个经济依靠，而那些30多岁的正在工作的女性给出的答案，是一声"这么一个人活着，我已经累了"的感叹。

　　人们都想从家庭中寻求到一种平静祥和、无忧无虑的情绪。

　　在这个精神饥渴的现代社会，面对着情比纸薄的工作交往以及人际关系，没有人不想在家庭里寻求心灵的休憩与放松，这很好理解。

　　此外还有一点，现代社会中女性不再仅仅是"牺牲自己，点亮别人"的角色，而是希望通过提高个人价值，寻求"自我实现"。

"身为女人，我要生下一个健康的宝宝，把我的宝宝哺育成人。"

"作为妻子，也作为一个母亲，我要将我的爱献给他们，也得到家人的爱。"

"即便生下孩子以后继续工作，我也要做一个闪闪发亮的在职妈妈。"

诸如此类的愿望，恰恰体现了女性健康的心理。但是，想要通过工作和家庭来实现自我，并不是那么容易的事情。无论是家庭经济基础，还是生儿育女，都有可能事与愿违。

虽然我们想要获得精神上的安稳，但是在家庭内部也会出现很多意料之外的不顺心之事。我们要做好心理准备，因为生活中随时可能遇到无法解决的烦心事。

那么，如何能有效减少我们在家庭中可能遇到的风险，保证家庭为我们提供安全感和安心感呢？要点有以下四条。

（1）承担起生活和经济方面的责任

在家庭中，妻子不要抱有丈夫应该养活自己的想法，应该以"夫妻同心协力""共同守护家庭"的姿态积极面对家庭生活。

这种感觉，就像是两个人在共同经营一家公司一样。在公司里，当出现发展方向问题或者赤字问题时，并不能将一切都怪罪到对方头上，应该明白自己作为共同经营者同样没有尽到管理责任。所以，在家庭中，女性无论是和丈夫一起赚钱养家抑或是做专门的家庭主妇，在遇到问题时都不应该推卸责任，而是应该与丈夫共同承担起家庭的责任。只要夫妻之间建立起了这样坚固的协作关系，就能够保证家庭的稳定，也一定能够顺利渡过生活中的各种难关。

（2）不放弃自己的立场

尽管家庭是人生中不可割裂的一部分，但是我们每一个人都有可能经历需要独自生活的阶段。

如果不试试自己在独自面对生活时具备哪些能力，当我们真的需要独立时心中就会感到不满和不安。女性总是愿意为了家庭牺牲自己的一切，为了家庭倾注自己的全部精力，然而，这样的牺牲所换来的家人对自己的感恩对每一个家庭成员而言其实都是一种束缚。不仅如此，这样的牺牲也有可能让丈夫变得无能，让孩子不会自立。所以，女性朋友们，请无论如何都给自己留一点时间，留一点存款，留一点空间。要注意和家庭成员之间保持一种让人感到舒服的距离。保证了自己的自由，也就相当于保证了家庭中每一个人的自由。

（3）不要苛求自己成为好妻子、好母亲

杂志上总会刊载一些女性的典范：她们或是事业有成的精英，或是贤惠温柔的慈母，或是魅力四射的妻子，或是完美出色的女人。这些女性都在某一个方面做得很出色，而如果你把她们当作自己的偶像，想要将她们的这些发光面都集于自己一身，那你一定会活得很累。过去的女性总是希望自己成为贤妻良母，为了达到周围人的期待拼命努力，在家庭生活中没有片刻闲暇。而在现代社会，家庭生活的形式越来越多样化，与此相对应，每一个家庭也需要不同的妻子和母亲。所以，不要过分憧憬理想的妻子或母亲的形象，不要太在意周围人的评价，不要太勉强自己。即使自己哪里还有缺点，也请悦纳这个不完美的自己，相信自己和家人吧！

（4）认识到有时需要一些自我牺牲

无论多么追求个人的空间或个性，在需要的时候也需要为家庭做出牺牲。生活中，比起自己的事情，很多时候都需要我们优先考虑家庭的事情。

为了维持家庭生活，很多时候需要我们在个人与家庭之间寻求一种协调、做出让步。家庭成员之间的交流更是不可或缺。

有时，我们从家庭生活中能够获得只有家庭中才有的那种快乐与安心。在家庭生活中，没有所谓的利益得失，也绝不能用简单的得失来衡量。

决定好了自己想要什么样的家庭生活之后，就要想清楚，无论日后遇到怎样的困难都应该甘之如饴。遇到问题时，不要逃避，要拿出解决问题的勇气。须知道，自己的幸福就是家庭的幸福，而整个家庭的幸福，也是自己的幸福。

做家庭主妇，也要有长期目标

当家务和育儿成为负担时

前文中我已经说过，很多女性为了生儿育女选择了辞职回家成为家庭主妇，之后再出去打一些零工。在我看来，身为家庭主妇，即便是出去打零工，也一定要有明确的目标。

在家庭主妇当中，有一部分人是因为无法成为正式职员才选择去做临时工；还有一部分人是看中了短时兼职在时间方面的自由度才选择的。

当女性以家庭为中心，需要养育孩子、支持丈夫工作时，打零工的确是一个非常不错的选择。打零工既可以在家庭收入方面分担丈夫的一部分压力，也可以发挥自己的价值，很多女性还能够从这种兼职工作中得到一种满足感。

但是，如果认真考虑一下，从长远角度来看，家庭主妇出去做临时工还伴随着一定的风险。

从根本上来说，成为家庭主妇的女性要以家庭为生活轴心，能够选择的工作非常有限。有很多女性为了照顾年幼的孩子，选择工作时要考虑到很多条件，比如要离家近，孩子放学回家之前一定要结束工作，周六不可以出去工作，孩子生病时可以随时请假换班，等等。

企业方面也非常清楚家庭主妇的这种情况，所以在用工时制定的劳动条件都比较差，特别是工资都定得非常低。虽然主妇们都觉得条件差的话自己完全可以不去工作，但是企业方面的态度则更加强硬，因为他们完全不缺人来为他们工作。

事实上，我曾跟一些工作机会比较少的小地方的家庭主妇聊过。在她们所生活的这些小地方，大型超市的临时工工作是需要她们排队等待上岗的机会。在这样的环境中，一旦她们辞掉了这份临时工作，想要再回来工作是非常困难的。因此，即使工作环境再差劲，即使再不喜欢这份工作，她们也只能努力坚持下去。

其中不乏一些女性，做着和正式员工一样的工作，却只能拿到正式员工一半的工资。

虽说作为公司的一员理应担负起一定的责任，而不应简简单单地把自己当作临时工，但是在快餐店或超市中，其他的员工各自负责自己的一摊工作，销售一类的员工根据销售定额进行分摊，而这些作为临时工的主妇们却经常担负着相当重的责任。

在欧美国家，这种临时性用工往往只需要负责自己职责所在的部分。没有任何一个国家像日本这样，薪酬差距如此巨大。

日本虽然同样声称"同工同酬"，但实际上与此相去甚远。对于企业来说，这些主妇临时工只是招之即来挥之即去的劳动力。然而劳动改革又不是一件简简单单就能完成的事情。

话题有点沉重了，然而为了做出10年后的规划我们必须要认清现实，所以我必须要把主妇临时工的风险列举给大家。

首先，作为主妇临时工面临着一边工作一边操持家务哺育孩子的风险。

在夫妻共同赚钱养家的家庭当中，丈夫同样也要承担家务以及照料孩子的职责，这在夫妻之间是心照不宣的。而在丈夫一人赚钱的家庭中，妻子需要承担家务以及育儿的责任，家中的一切大小事务都要靠妻子一人来打理。如果家庭主妇选择白天出去打零工，那么回家后的所有时间都要用来做家务。这样一来，无论工作还是家务对于家庭主妇而言都是非常沉重的负担。统计显示，有很多主妇临时工由于丈夫不愿意帮忙承担家务，最终离婚，成为单亲母亲，带着孩子消极过活。

其次，主妇临时工在工作中也承担着很大的风险。

有很多家庭主妇一开始打工时以为工作时间不长工作量自然也不大，哪知道在工作的过程中，无论是工作量还是工作难度都在不知不觉地增加。企业会以"工作这么忙，周末你也来帮忙吧！"或者"我希望你也做一些管理类的工作啊！"之类的理由来要求主妇临时工们工作，而主妇临时工们由于清楚职场的艰辛，实在抹不开面子拒绝老板的要求。但从私心里来讲，她们又会觉得自己赚钱少工作多，实在是不划算。说起来，原本女性选择辞去正式工作成为家庭主妇是为了方便照顾孩子，出去做临时工却要承担比以前更为繁重的工作任务。出现这样的结果，怎么想都让人觉得有点讽刺的意味。

在职场中，主妇临时工们很容易就会陷入一种孤立无援的境地。作为派遣制员工，她们很容易遇到被人欺负、性骚扰、职权骚扰等情况。即便她们就此向派遣单位投诉那些正式员工，最终那些正式员工也不会被怎么样，反而是这些主妇临时工们马上就会被解雇。所以，这些主妇临时工们有时也只好选择忍气吞声。

再次，由于主妇临时工们做的都是一些常规性的工作，所以她们也无法从工作中获得有用的工作经验，这样她们就会面临转职困难的风险。

　　如果她们不积极主动地去掌握一些技术或考取一些资格证，那么她们就无法在工作中迈上新的台阶。所以，很多主妇即便是等到可以不用再照顾孩子，有了属于自己的时间可以外出工作了，也只能长时间做临时工，无法成为企业的正式职员。

　　最后，对于那些主妇临时工们来说，她们还要同时承担起照顾年迈的父母和公婆的责任（当然，照顾老人是理所当然的，很多人也乐意做这些事情）。

　　在照顾老人之前，主妇们首先还要照顾好自己的丈夫。如果是有正式工作的女性的话，她们当然也需要照顾家里的老人，但同时她们的丈夫和其他的兄弟姐妹会帮助他们一起承担这个职责，而且她们本身也有足够的经济实力请人来代替她们照顾老人。

　　坦白来说，对女性而言，主妇临时工这种工作形态实在不是上上之选。

　　说实在的，在为了家庭辞去工作之后，如果想要重新回到职场，最好的选择还是想办法成为正式职员。但是，也有很多女性没有办法重新回去做正式职员，面前可供选择的只有打临时工这一条路。

　　如果是这种情况，那主妇们就应该在打工的同时为自己制定长远的目标。

在我所知道的主妇临时工当中，有人最终成为了社长，还有人不仅成为了企业的正式员工，而且做到了区域经理的职位。这些传奇佳话一定能够给予如今正在做临时工的主妇们前进的勇气。想要取得成绩，不要只是将目标定在成为正式员工一点上，而是必须认真对待工作，跨越临时工这个樊篱。

我有一位在装饰公司做临时工的朋友，她工作非常用心，经常变换橱窗里的展示品，平时也很注意照顾公司里的后辈。这样工作一年以后，她的小时工资大幅度上涨。又过了一年以后，她竟然成为了这家公司的正式员工。她之所以能取得这样的成绩，正是由于她平日里的努力获得了公司管理者的认可。她不仅在个人销售业绩方面取得了不俗的成绩，而且利用博客这个平台努力为公司商品做宣传，除此之外，她还取得了室内设计师的资格。试想一下，当你在工作中成为了别人无法取代的人才时，那你就有可能获得非常可贵的工作经验。

如果你身处于无论怎样努力都无法成为正式员工的工作环境中，那你就可以选择把目前的临时工作作为一块跳板，通过眼前的工作积累这样那样的经验，掌握各种技术。这样无论日后你是去做正式员工还是去创业，这块跳板都对你大有益处。

在这里我还要再重复一次，那就是如果你选择暂时回归家庭，那么对你而言，这也是一次重新审视并修正自己人生道路的机会。所以，趁着这个机会，对未来 10 年做个规划，选择自己可以接受的工作方式，重新投入如战场一般的职场吧！

今后做临时工作时，如果在职场中受到了欺负，完全可以去各都道府县的劳动局或地方工会申诉。没必要因为自己是临时工，就一直忍气吞声直至辞职，那才是对你能力的最大浪费。

如果你对临时工作的环境非常满意，想要长期工作下去也没问题。只要在生活方面有保障，工作前景比较明朗，那你尽管去做自己喜欢做的工作，即使是打工也未尝不可啊。

人，无论怎样，总还是能够找到实现自己的价值、带给别人快乐的方法的。

当然，在这个时候，还要尽量保护好自己，守卫自己的立场和处境不至于众叛亲离，为此在心中筑起一道警戒线也很必要哦。

致想成为全职太太的你们

挑战自己可以做到的事情

说实话，从年幼时期开始到20多岁，我的理想一直都是成为一名全职太太。有这样的理想，绝不是因为做全职太太可以悠闲自在，吃饱了就睡，不要出去工作等懒惰自私的理由，而是当时的我认为作为一个女人，能够做家人坚强的后盾是一种幸福。

我曾经还反对过做护士工作的母亲出去上班。那个时候，她为了工作根本顾不上照顾家庭和孩子，由于晚上经常值夜班，所以她在家里总是一副睡不醒的样子，对我也并不怎么上心。（现在想来，那时候的母亲工作是多么拼命啊！）

在我小的时候，我家周围很多孩子的妈妈都是全职太太，我对这些孩子羡慕得不得了，因为只要他们回家，他们的妈妈就会笑眯眯地迎接他们，给他们做好吃的食物，有时间倾听他们说的话。

所以，那时候我就下定决心，只要以后我自己有了家庭，我一定要好好照顾家庭和孩子，做一个好妻子、好母亲。

可是，在 20 多岁的时候，和我有过婚约的男人忽然不声不响就消失了。通过这件事情，我深刻领悟到将自己的人生寄托在一个男人身上是一件多么危险的事情。在这件事情发生后，我在精神方面备受打击，甚至不知道自己今后的人生应该如何走下去。

此后，为了在经济和精神方面能够自立，我曾努力工作过一段时间。到了 30 多岁时，在以结婚为前提的条件下，我曾体验过一段全职太太的生活。在那段日子里，我努力尝试，并思考自己是否适合过这样的日子。而正是这段体验让我明白，自己绝对不是一个适合做全职太太的人。

其实开始做全职太太后没多久，我的心里就出现"自己挣钱自己花多自由啊！"这样不安分的想法。

对我来说，自己挣来的钱就应该自己花。如果对未来考虑得太多，就没法自由地花钱了。而且，我那时总是怕自己最后被抛弃，所以想做的事情不敢做，想说的话不能说，整个人都陷入了一种进退维谷的境地。

这段主妇生活最终以两个人的分手结束。分手后，我又重新开始了打工挣钱的日子，当再次领到属于自己的那笔微薄收入时，我心中的兴奋溢于言表。那种感觉就像我赚到人生的第一桶金一样，兴奋得总是想买点什么东西来庆祝。

当然，全职太太中也有很多人可以自由地花钱，自由地说自己想说的话，做自己想做的事情。我只是说，我并不适合全职太太的生活而已。

前几天，我采访了一位已经做了15年全职太太的女士。她对我说了这样一段话："对我来说，家庭就是我的职场。为了让丈夫在外面愉快地工作，让孩子能够健康茁壮地成长，我必须要让家庭变成一个轻松舒适，能让人放松心情的地方。这就是我的工作。我要是出去工作了，我的家庭就无法正常运转了。唉，这个家根本就离不开我，好有压力呀（笑）。这是我自己做出的选择，所以我必须面带微笑地将我的主妇生涯进行到底。丈夫事业有成，孩子健康快乐，这就是对我最大的褒奖了。"

怎么样，这位女士非常了不起吧。全职太太这样的"工作"，是最默默无闻的工作。这样的工作像影子，像空气，自己的付出对方很难有实感，得不到对方等价的回报，更无法让接受自己爱的人总是心怀感激。

可是，只有提前想明白了自己的选择会有怎样的结果，那样才可能成为真正"专业"的全职太太吧。其实，不管你是选择去做全职太太，还是选择继续工作，甚至是选择去过单身生活，只要你自己想清楚"这就是我所选择的道路"，就一定能够坦然从容地沿着自己的轨迹走下去。

话说回来，在如今的日本社会里，做全职太太也是一件非常不易的事情。其实，应该说在这样的社会环境下，单纯选择一直做全职太太是一件非常不易的事情。

从经济高度发展期开始一直到大概 20 年前，人们身处于一个工资和晋升机会都没有以前高的社会环境中。在这样的时代背景下，只有一到两成的全职太太能够一辈子都不出去工作，完全可以依靠高收入的丈夫养家。而即便是这样的家庭，一旦丈夫遭遇失业或者重病，就会陷入离婚或者妻子不得不出去工作来养家糊口的境地。

我们从杂志上或电视节目里看到过一些家庭经济状况优越的全职太太日常生活的样子，我们身边的朋友中可能也有生活条件不错的全职太太，我们可能是被身为全职太太的母亲一手养大的……所以，很多女性不自觉地就会想象自己如果成了全职太太会是什么样子，很自然地就会希望成为和母亲一样的家庭主妇。

然而，现如今的社会中，中间阶层的经济状况和从前相比早已是今不如昔，我们的父母亲生活的时代里可以行得通的事情到了我们这里却未必可行。

如今，高学历的女性当中，也有人愿意去做全职太太，也许她们认为，在这样一个"冷门"的领域里更容易做出成绩来。

即使是在现代社会，仍然有一半以上的日本女性为了生孩子、养育子女而选择辞职。如果再算上那些怀孕前无业的女性的话，有大约六成的女性选择成为全职太太。

但是我想说的是，在这些全职太太当中，有一半的人最终会以不同的形式重新回归职场。以前，很多女性会选择在孩子上小学以后再重新回归职场，回归前的这一段空闲期一般长达 5 ~ 6 年。如今，这样的空闲期逐年在缩短，有很多女性会选择在生育后 1 ~ 2 年内就重新回归职场。而剩下的那些没有回归职场的女性通常则是因为没有找到适合自己的工作才选择仍然留在家中。

主妇们重回职场的主要原因都是在经济方面缺乏安全感。除此之外，还有不想与社会脱节、想要有可以自由支配的时间、想试试自己有多大潜力、想通过做自己喜欢做的事情赚钱等原因。

环顾我身边的这些女性，很多 30 岁左右成为全职太太的女性在 40 岁时基本上都重新回到了职场。有些女性家庭经济状况非常优越，完全不需要她们为家里的生计操心，然而她们也同样选择了重新出去工作。

无论是选择去做派遣制员工还是选择去做临时工，这些女性的出发点都是为了重新寻求自己的人生价值。美甲师、网页设计师、自由写手、插画家、化妆师、音乐节目 DJ……这种洋气、现代的职业数不胜数（笑），全职太太们从事这些自由职业既可以保证家庭的经济收入，同时也可以挖掘自己身上的潜能。

在我认识的女性朋友里，有一位全职太太在"重出江湖"之后，先是从事会计、医疗事务、辅导班老师等职业，后来她取得了税理士及行政示书代书人的资格并开办了自己的事务所，在企业管理和营业方面成绩斐然，收入竟然远超自己的丈夫。

现在，如果你想做一个全职太太，那么我建议你不仅要看看同龄人中做出这样选择的女性是如何生活的，更要观察一下在 10 年以前或 20 年以前做出这个选择的女性们如今的生存状态。

全职太太有很多，我希望女性朋友们关注的是那些一直怀揣着"我想出去工作"愿望的主妇。

有很多女性为了丈夫和孩子付出了全部心血，在孩子有了自理能力可以不需要自己时刻照顾的时候，就会突然觉得心中空荡荡的，对自己的存在价值充满怀疑，陷入一种认同感缺失（丧失自我）的境地。

这种认同感的缺失对于女性来说非常容易发生，后果很严重。

女性时常会被人们贴上家族的标签——"谁谁谁的老婆""谁谁谁的妈妈""谁谁谁的闺女"，像这样在家里本本分分地扮演自己的角色以回应家人对自己的期待、极力掩饰自己最真实的欲求。"我究竟是谁？""我都能够做些什么呢？"女性将陷入一个茫然而不知何去何从的境地。

不光是 20 多岁的女性，那些四五十岁的女性中也有人搞不清自己想要做些什么，不明白自己都在忙些什么。更有甚者，有些 50 多岁的女性因为找不到生存的价值而陷入深深的不安，最终认为自己碌碌无为、一事无成。

不久前，我偶遇了高中时代的恩师，也因此知道了老师在几年前就已经离婚了。老师的前妻曾经是他的一名学生，她从短期大学毕业之后没有找工作，很快就和老师结婚生子了。在小儿子上大学以后，这位女士已经 40 多岁了，她重新投入自己一直喜欢的领域中并开始创业，为此果断选择了和丈夫离婚。

老师有很多熟人，在地方上也颇有影响力，对于他来说，离婚可不是一件小事。于是，他劝妻子说："以后我可以帮你啊，就算不离婚你也一样可以去做自己喜欢的事情啊，这样你工作起来也少了很多羁绊啊！"

"我不喜欢那样，人只能活一次，我想凭借自己的力量看看我究竟有多少潜能，我渴望挑战自己。"

老师看到妻子对自己的决定如此坚定，丝毫不畏惧缺乏经济能力的现实，最终答应了妻子。

离婚后，她开创了自己的事业，为了自己的事业四处奔走，充满了活力。

而我的老师，也开始了新的约会，步入了新的婚姻殿堂。

事情最终发展到了这样的地步，我想，老师前妻的心也一定是痛的吧。

"人活一世，我到底有些什么，会些什么呢？"

这个问题，我想我们每一个人都为此纠结过。

在"想出去工作"这样的想法后面，应该是人们那种"希望在这个世界上有人认可自己，哪怕只有一个人认可自己也好"的心情吧。

这种心情，是人生在世所无法回避的。而在人们越来越关注个性的现代社会，我们希望自己被人认可，希望得到认同的要求也会越发强烈。

成为全职太太，自然也是女人的一种生活方式。想趁着这个机会，尽情享受育儿时亲子之间的乐趣当然很好，但是，我希望更多的女性能够不仅仅满足于此，而是跳出这道樊篱，挑战一些自己有能力办得到的事情。

做全职太太的经验或者养儿育女的经验，即便称不上是什么直接的"职场经验"，也一定会在必要的时候对你有所助力。做过全职太太的女性，对生活有着丰富的经验，对日常生活中的各种信息也比较敏感。她们可以同时处理很多事情，具备牺牲小我成全他人的精神，有着能将人们凝聚起来的沟通能力。这些能力恰恰是如今的很多企业所需要的，今后也还会有更多企业将这些能力视为求职者身上的闪光点。

我们一定要清楚一个道理，由生及死，人的一生总是会花超出想象的时间来独自前行，而这一切与婚姻无关。

谁都可能成为单亲妈妈

一剂给已婚女性的"预防针"

如果这一节的内容给那些与丈夫如胶似漆的女性泼了冷水，那么我实在感到抱歉。因为我接下来要说的内容将围绕着离婚。

很显然，没有人愿意在结婚的时候考虑关于离婚的事情。但是，为了让婚姻生活更加顺利，防止离婚这种情况的出现，我们应当在心里有所准备。而且，即便将来成为日益增加的单亲妈妈中的一员，我也希望这些女性知道自己的人生还有很多选择，用自己的智慧做出正确的选择，幸福地生活下去。

一项针对已婚者的统计显示：在 30 ～ 35 岁结婚的离婚率约为 15%，25 ～ 30 岁结婚的离婚率约为 20%，20 ～ 25 岁结婚的离婚率升至大约 50%，20 岁前结婚的离婚率则高达 80%！单亲妈妈的比例确实要比想象中的高很多。

在离婚原因中，将近半数的人是因为性格不合。其他原因还包括家庭暴力、出轨、经济状况不佳、精神虐待等。

　　而性格不合，其实只是离婚的一个笼统的托词而已。所谓"性格不合"，可能是因为对待金钱的态度不一样，可能是因为在教育孩子方面理念不一致，可能是对人生的规划各执一词，可能是结婚之后双方并没有长足进步，还有可能是在家务和育儿方面无法协调一致。在我认识的男性中，甚至还有人因为妻子不喜欢养狗而和妻子离婚。

　　除掉这个"性格不合"，其他的离婚原因至少能让人们知道究竟是哪一方在婚姻中出现了问题。只有这个"性格不合"，会让人觉得莫名其妙。既然性格不合适，为什么结婚前没有发现呢？以这样的理由离婚，不是显得有点任性吗？是不是婚姻关系中的双方都存在问题呢？总之，以"性格不合"这个原因离婚，如果需要进行民事调解的话，既无法让人判定精神损失费应该如何处理，也容易让真正有苦衷的那一方陷入不利于自己的境地。

　　说起来，每个人的性格本身就是存在差异的。只不过，当对方的所作所为与自己的理想相差万里或给自己带来大的损害时，我们就会失望，进而愤怒。当热烈的爱情冷却之后，爱情不再能够掩饰一切问题，我们对那个人终于到了忍无可忍的地步。

　　两个人之间有共同点，同时又有度量接纳包容对方与自己的不同点，这样当然很好。然而，一旦两个人之间因为不同产生了龃龉，又岂会轻易就回到互相包容的原点呢？

现代社会的婚姻，不仅仅是靠经济，更是靠爱情将两个人紧密联系起来的。一旦爱情的火焰熄灭，婚姻关系将会变得比我们想象的更加脆弱。

如今，提出离婚的人通常是女性。离婚率急剧升高的原因中，很重要的一点是随着个人自由化的发展，从"无法忍受对方"发展到"离婚"的时间越来越短。而反观从前，已婚女性既缺乏经济能力，又不敢轻易"冒世间之大不韪"。不要说提出离婚，就算婚姻出现问题后回了娘家，也会被娘家人软硬兼施地"赶"回去。

即便是如今这个时代，女人离婚也要付出相当大的代价。

后文中我将详细展开叙述，在这里首先要提的就是经济方面的问题。在婚姻中，本来两个人共同赚钱养家就是一件辛苦的事情，而女性还要兼顾工作、家务和照顾孩子，有时甚至需要代替父亲的职责，所有的一切都必须亲力亲为，在精神方面也很容易陷入孤立无援的境地。

对这样的女性来说，与其默默流泪坚持着这样的婚姻，那么分手也是一种选择。

也有很多单亲妈妈，在离婚之后生活得很阳光，很乐观开朗。

对孩子来说，这个世界上最美好的莫过于妈妈的笑容了。

也有一些单亲妈妈，在离婚之后没有后悔，不仅重新开始了新的婚姻生活，再次享受了做母亲的快乐，而且在新的婚姻中收获了满足和幸福。

从某种程度上来说，原本柔弱的母亲也是坚强的，她们可以不断向前，不再走回头路。

在这里我想说的是，女性在选择走上离婚这条路之前，还是应当试着用各种方法来避免离婚的发生。

在谈恋爱时轻率一些可能并没有什么，可是如果轻率地结婚，发现问题后再轻率地离婚可就不行了。特别是那些为了结婚生子辞去工作的人，以及没有任何技能与资格证、为生计发愁的人，更要慎重对待婚姻。

考虑结婚的人如果有可能的话，可以先尝试着在一起生活一段时间。从常识上来说，婚前试婚可能不是正常的顺序，也许还会付出一些代价，但是这远胜过轻率结婚后再走向离婚。而且，婚前试婚可以模拟一下两个人在处理类似于有了孩子怎么办，上了年纪怎么办，对方失业了怎么办等问题时应该怎么做。

在试婚过程中，当吵架或是面临其他问题时，两个人会在一起解决的过程中学会应该怎么处理这些生活中的问题才好，学会通过沟通交流解决问题。

对于那些已经结婚，并且正在考虑离婚的人，我的建议是你们可以尝试分开生活一段时间。这样的尝试可能也会有一些代价，但这种代价要远远小于两个人马上离婚所造成的损失。

很多年前，我的一位朋友的婚姻就走到了崩溃的边缘。

说起来，还是性格不合造成的问题。就在妻子说出"我受够了"并且准备带着孩子离家出走的关键时刻，丈夫被派去外地工作了。这之后，丈夫一年当中可以回家的日子屈指可数。然而令人感到意外的是，这夫妻俩的关系竟然和好如初，每天都要发邮件互诉衷肠。不仅如此，他们还完成了多年以来想要再生一个孩子的夙愿，又孕育出了一个生命。

也许是分离之后，两个人才猛然发觉对方的珍贵。如今，丈夫的工作又调回来了，一家人在一起生活得非常幸福。

唉，夫妻果然是这个世界上最让人难以理解的存在啊。有的夫妻多次在感情危机面前化险为夷，也有的夫妻年轻时吵得不可开交，老来却相亲相爱，相濡以沫。当问题出现时，两个人还是日日相对并不能解决问题。反而是分开一段时间，彼此都冷静下来之后才有可能更好地解决问题。但是需要注意的是，在分居的情况出现时，如果是丈夫离开家单独生活的话，夫妻双方还有可能重归于好；如果是妻子带着孩子离开家独自生活的话，那就有可能造成家庭的彻底破裂了。

再接着之前的话题来说，很多离婚的人都需要面对经济方面的窘迫。

为了克服这个问题，在离婚之前就应该"未雨绸缪"。

在如今的日本，无论如何都不会出现人生活不下去的情况。但是根据一些数据的显示，母亲独自抚养孩子的单亲家庭的贫困率（年收入不足114万日元）约为六成，这在发达国家中是一个非常高的比率。

单亲妈妈即使想要克服经济方面的困难，也需要面对重重考验。

首先，就是找工作方面的困难。很多企业在雇用单亲妈妈方面都抱有偏见。在企业方面看来，单亲妈妈虽然会拼命工作，但是为了照顾孩子会经常请假。而且，如果给的工资少，她们晚上就会去另外打工赚钱，这就会分散她们正常工作时的精力。一旦遇到工资更高的工作，她们马上就会跳槽，在工作方面的稳定性差。

此外，再婚对单亲妈妈来说也不太容易。在这样一个时代，男人想要赚钱养活女人已经非常不容易了，在养活女人的同时还要再养活一个孩子，这无疑是加重了男人身上的负担。

不仅如此，单亲妈妈从前夫那里获得的用来养育孩子的费用往往非常微薄。有的夫妻之所以选择离婚就是因为丈夫在养育孩子方面舍不得花钱，离婚之后很多男人更是意识不到还要出钱养育孩子。而遇到离婚后男人不愿支付抚养费的情况，法律可以为女人提供的支持也是有限的。

政府所能为这样的单亲家庭提供的抚养津贴也少得可怜，对于单亲妈妈带着孩子的情况，政府每月提供的儿童抚养津贴为 41430日元（第二子外加 5000 日元，第三子外加 3000 日元），另外能够减免国民健康保险的支付。但即便如此也于事无补，改变不了严峻的现状。

即便单亲妈妈运气好可以找到正式工作，但是也有可能在工作中到处碰壁，陷入不知道该如何生存下去的状况中。

如果因为找不到合适的工作而草率选择一份工作的话，那么当工作遇到困难时就会轻易辞职。而如果为了选择一个可以长期工作下去的职业就长时间处于失业状态中的话，那么也会无法获得职业上的安定。

从前，离婚女性找到的工作通常都是一些需要靠老主顾来维系的工作。现在，很多女性会选择从事保险销售、化妆品销售或不动产销售等营业性质的工作，其中有一些女性在这样的工作中取得了不俗的成绩。虽然大部分女性希望从事的是事务性的工作，但是这些工作竞争太激烈，龙门难入。所以，很多女性最终找到的工作都是在服务业或商品零售业。

在我的朋友中，有人一边领着生活保障金一边筹备自己的事业，在此后的 5 年之中就获得了巨大的收益，企业也拥有了几亿日元的资产；还有人通过售卖移动设备获得了成功，凭借着赚到的钱继续自己的写作梦想。但我想说的是，这样勇敢坚强的人毕竟是少数，大部分人都还是要继续平凡的生活。

单亲妈妈的处境也比较两极化。有的单亲妈妈过得比较顺利，她们有的可以继续做结婚前的工作，有的凭借自己的阅历顺利找到了新的工作。她们在离婚后不顾一切地投入工作，为自己开辟了一条全新的道路。

有一些女性，在离婚之前就为自己制订了缜密的"离婚计划"。她们如果决定了两年之后要离婚，就会早早开始为自己存钱，或者从生活费里省出钱来让自己学习新的技能，等到找到了新的工作再跟丈夫离婚。

既然决定离婚，就一定要为自己准备好后路。

最近，一个以单亲妈妈为招募对象，名叫"单亲家庭高等技能训练促进事业"的培训团体大热，单亲妈妈们纷纷递交了加入申请。在那里，你可以选择学习护士、护理员、保育师、理疗师等课程并参加专业资格认定，学费为 5 万日元，生活费为 10 万日元（仅允许受保护的非课税家庭参加，修业上限为 3 年，入学前需要进行面试和审查），这样的制度着实让我们眼前一亮。

今后，单亲妈妈们可以借助这样的培训团体成为亲密无间的伙伴，彼此之间相互依靠，形成一个紧密团结的小团体。

在单亲妈妈中，不乏一些为了生活格外拼命的人。她们将离婚的责任归咎于自身，为了不让孩子的生活有丝毫不便，她们努力工作，拼命周旋于家务、育儿之间，力求事事尽善尽美，最终自己累得无法支撑。

但是对孩子来说，妈妈病倒在床是最让他们难过的事情。所以，不妨在照料孩子时请父母、兄弟姐妹、朋友、邻居甚至前夫帮帮忙，这样自己也会轻松许多。

在父母身体健康时考虑好父母的养老

不要独自赡养父母

记得几年前的一天，70多岁的母亲像往常一样给我打来电话，电话那端的她声音听起来依旧爽朗健康。母亲说："我今天去医院检查啦，哎呀，花了四个小时呢，真烦人呀！""是呀，是挺麻烦的！"和往常一样，我看母亲没有什么要紧事，就随便和她拉了几句家常，然后挂断了电话。

几个小时以后，母亲又打来电话，说的还是那番话："我呀，今天去医院了……"这让我觉得有点摸不着头脑。可是转念一想，以前也曾经有过几次这样的情况，于是，我跟母亲随便聊了几句便又一次挂断了电话。

又过了几个小时，我的电话再次响起，电话那端重复的还是一样的话："我呀，今天去医院了……"这时我才猛然惊觉，该来的终于来了。于是，我赶紧给和母亲一起生活的弟弟夫妇俩打电话。

"妈妈今天的样子的确有点奇怪，要不我去看看她？"听完我的话，弟媳妇像跟我汇报工作一样郑重其事地说道："知道了。婆婆今天挺晚的时候还出去了，我家那位现在去找她了。"听完她的话，我的心不由地悬了起来。正在焦急不安之时，弟媳妇的"报告"又来了："没事了没事了。婆婆就是受了风而已。"听到这里，我才如释重负般长吁了一口气。

很多人可以接受父母一天天地逐渐老去，而且早就对父母的衰老做好了思想准备。可是，当该来的那一天突然来临的时候，人们还是会突然就乱了分寸。

打个比方来说，父母的衰老对我们而言就像是下楼梯一样——我们可以接受一级一级地慢慢走，如果突然下十几级，我相信谁都无法接受。

我母亲的这种老年性痴呆的症状并没有继续恶化，她暂时恢复了健康。我不在母亲身边，对她的身体状况实在不放心，因此我每天都会给家里打一个电话问问她的情况。

当父母的衰老突然降临时，根据他们出现的不同病症，我们可以选择自己护理，和亲属一起护理，花钱置办一些护理设施或者请专人来看护。总之，有很多事情可能需要花钱来解决。平时提起钱来，总让人感觉"钱"这个字冷冰冰的、不近人情，可是对于照料老迈的父母来说，钱却是一项非常重要的保障。

我们绝大部分人都需要直面如何照料父母的问题。

在父母身体还健康的时候，我们就有必要考虑好日后应该如何照顾他们。

过去的老风俗一般都是由大儿媳妇来照顾公婆，现在个别地方仍然保持着这样的传统。像我的母亲就是由我弟弟他们夫妻俩来照顾，而我的一些朋友虽然不跟父母住在一起，每天也还是要开车去看望父母，往返一趟至少要花两三个小时。

如今的社会，嫁入夫家就要恪守儿媳妇的本分奉养公婆的陈规早已不复存在，因此，指望儿媳妇来照顾老人已经不太现实了。取而代之的，是老夫妻之间的互相照顾或者是由自家的儿子或女儿来照顾。

特别是那些住得离家近的女儿，无论出嫁与否，很容易就会变成照顾父母的最佳人选。因此，不管你是长期单身和父母住在一起，还是为了工作让父母代为照顾孩子，你都应该明白，在照顾父母这件事上你义不容辞。绝不能自己一边享受着父母带给自己的好处，一边又认为自己在照顾父母的事情上还可以躲一躲。

可是，真的是自己家的子女最适合照顾父母吗？有时也未必如此。

　　我曾经照顾过父亲，在这一点上比较有发言权。在照顾父母这件事上，有时正因为子女和父母是骨肉至亲，彼此没有嫌隙，所以彼此之间更容易出现一些自私的想法，无法冷静地处理问题。

　　在面对父母生病或年老体衰的问题时，子女在某些方面总有一些不愿意承认的心态，因此难免感情用事。当面对父母衰弱的病体时，当从医生那里得知父母病情的严重程度时，子女总是要经过一番努力才能振作起来面对现实。

　　而做父母的，在对待自己的亲生子女时也难免会没耐性。接受孩子的照顾时，有时会埋怨孩子做得这也不行那也不对，有时会抱怨孩子做的饭不好吃，对孩子发牢骚时毫无顾忌。做子女的，在对待亲生父母的批评时很容易就会出言不逊地顶撞他们"你懂什么！"或者采取一些不成熟的举动来对抗他们（当然，也有很多人不是这样的）。

　　有时父母与子女可以在争吵之后领会对方的真实心意，但很多时候，在与父母的一番唇枪舌剑之后，子女就会后悔，责怪自己为什么要对他们说出那样过分的话来。所以，为了不让父母离开后再后悔当初为什么不对他们好一些，有些时候做子女的忍气吞声才是最理智的做法。

在照顾父母这件事情上，如果不是亲生子女去做，换成儿媳妇去做则又是另外一种情况。在对待老年痴呆症的症状时，儿媳妇可以冷静地判断出症状的轻重程度。而公婆在接受儿媳妇的照料时也会有所顾及，会笑眯眯地感谢儿媳妇的照顾，拜托儿媳妇做一些事情时也会有所保留（当然这样也有不好的地方）。

正因为父母子女之间的血浓于水，所以彼此才会对对方无所顾忌。

一位做护理支援服务的朋友告诉我说，在她所接触到的护理中，有很多子女根本做不到为自己的亲生父母换尿垫或喂饭。而另一方面，也有很多的子女，为了照顾自己的父母忙得团团转，将伺候父母、照顾子女、料理家务等一系列事情都扛在自己的肩头。最终自己身心俱疲，累倒在床。

最近，由于很多高龄产妇的出现，在照顾父母的女儿当中，很多还要同时照料幼小的孩子。她们当中又有许多人为此辞掉了工作，彻底将生活的重心转移到了照顾父母和子女上。如此一来，她们正常生活的经济基础彻底崩盘，自己的家庭以及日后自己的养老问题都十分令人担忧。而一旦父母离世，她们即便想工作也很难再找到工作，也为今后的生活埋下了祸根。

在照顾父母这个问题上，一个人来承担的话实在是有些负担过重。即使自己有再大的耐心，做出再大的牺牲，对彼此而言也未必就是最无可指摘的。

因此，在照顾父母时，最好找亲人或者专业的人员帮助自己共同承担。在这些共同承担照顾任务的人当中找一个人统筹全部工作，对所有人的任务进行分工，做饭、伺候洗澡、医院陪护、打扫洗衣、陪老人聊天、管钱或其他票据、和医生沟通等都专人专责。自己家人无法做的事情，拜托专业的护理人员去做也可以。

需要时，可以找主治医生、专门的护理支援工作者进行咨询，也可以借助公共或民营的护理服务团体来帮忙。如今，日本有了"看护保险"这样周到的服务，也有很多不错的护理支援者可以帮忙照顾老人。

我在照顾父亲时就请了朋友和附近的邻居帮助我。有一些对疾病有所了解的朋友以及在看护老人方面有经验的朋友都给予了我相应的指导。周围的邻居也会常常过来帮助我。在这里我要说的是，平时一定要跟身边的朋友和邻居处好关系，绝对不可以只在需要帮助的时候才想起他们。

在照顾老人时，还必须要想清楚一点，那就是如果请专业的护理人员的话，需要请几年。为此就必须考虑一下钱的问题。这个话题说起来可能有些难听，但是我们在请人照顾老人之前必须弄清楚父母的养老金、收入以及加入了哪些保险等情况。

实际上，公共保险制度也有不完善的地方。如果一旦需要借助一些设施或需要住院治疗，那可能更需要借助一些民营服务团体的力量。

当照料父母的费用不足时，最好请兄弟姐妹或者家里的亲戚帮忙，实在不行就有必要将家里的一些资产卖出。所以，为了不在关键时刻手忙脚乱，还是提前早做打算，直接问清楚其他亲属的意见才好。

有很多人不愿意考虑照料父母的问题，但是这和结婚离婚不同，是大部分人迟早都必须面对的。

在这里，我想对如今二三十岁的年轻人说，你需要在照料父母的事实摆在眼前之前就跟父母做好沟通。你可以先问问父母"将来你们老了打算怎么生活呀？"然后从生病到护理再到养老费用，将问题依次展开，听听父母的想法。

有些父母其实也在迷茫，要不要提前跟孩子交代好养老的事情。

只要孩子主动提起这个话题，他们也会放心地说出自己的真实想法与孩子交流。

在照料父母的问题上，最需要尊重的就是父母本人的意见。

通过与父母的沟通，子女可以了解父母的真实想法，也可以发现很多客观存在的问题。在交流的过程中，父母子女坦诚相见，彼此之间可以感受到对方的尊重和感恩。不仅如此，子女也会骤然发现父母的老去，进而迸发出要成为父母坚实依靠的强烈愿望。

对子女来说，从一出生起就一直得到父母的照顾，在内心深处，总有一个希望自己还是小孩子的隐秘愿望。通过和父母探讨养老的话题，子女会从心底里接受无论是身体上还是精神上双亲都已经逐渐老去的事实。

接受了现实，才能逐渐醒悟到今后要换成自己来守护父母了。然而，认识到了这一点之后，也还是需要很长一段时间来调整自己的心态才能将照顾父母付诸行动。毕竟，作为子女早已习惯了被父母照料，接受父母的守护，所以要改变这样的心理定式并不是一朝一夕就能够做到的。

我的父亲在两年前病逝了。在之前的 25 年里，他一直缠绵病榻，在医院和家之间往返。父亲在病床上时，曾长久注视着我，对我说过这样一番话，这番话至今仍清晰地回响在我的耳畔："父母在年老体衰之后就无法再为孩子们做些什么了。如果最后还有什么可以为孩子做的，那或许就是可以教给孩子们人老了之后是怎么样的，人死又是怎么一回事吧。"

的确，我从中受益颇深，感慨良多，心中充满了感恩。

改变"老了靠养老金就能生活"的想法

准备好勤奋工作赚钱糊口

为自己老了以后的生活感到不安的，不仅仅是那些五六十岁的人。很多二三十岁的女性也会为自己的老年生活担忧，特别是那些依然还是单身的女性更是心怀忐忑。

很多人都有着这样的想法："独生子要是结不了婚的话，以后靠谁呀？""我又不是正式员工，以后的养老金肯定保障不了我的生活啊！""我没什么存款，光靠那么点养老金以后能生活吗？"除此之外，人们可能还会纠结于各种零零碎碎的问题，比如"按照我们家现在的情况应该买房子了""要是没有孩子，等我死了以后谁为我交公墓管理费呢？""以后继承父母房子的时候要交一大笔继承税和固定资产税，怎么办呀？"

然而，虽然人们都在为年老以后的生活担忧，却没有人为此而采取一些相应的措施。这不是自相矛盾吗？

有的人对年老以后如何生活的态度比较漠然，认为那些为自己日后的老年生活做计划并且按照计划过日子的人不够明智，谁知道上年纪以后的生活会变成什么样子呢。不错，人生有时的确无法按照自己的计划进行下去。但是我要说的是，我们还是应该为老年生活做好打算，为了步入老年之后能够活下去而早做准备。

这种准备，并不单纯是指一些固定资产或钱，而是包括健康、人脉、知识、智慧、信息、精神、能力、经验等一系列的东西。

在这个经济不景气的时代，也许具备了做饭裁衣的本领才能让家人生活得更开心吧。

为未来考虑得太多，难免无法享受当下，让生活变得沉闷。所以，我一直在想，如何能储备足够的资源，既充实了当下的生活，又能让老年生活衣食无忧呢？

话说回来，如今我们的寿命都增长了。日本女性的平均寿命如今已经达到了世界最高的水平——86岁。这个平均寿命是从人出生开始算起的。而如果以65岁为起点再来计算平均寿命的话，日本女性的平均寿命可以达到89岁。也就是说，那些活到65岁的女性当中，还有一半的人能够活到90岁左右。

在我们人生中体力和精力都处于巅峰的前30年里应该如何生活，对于我们而言应该是最重要的命题了吧。

在这个时期，我们最应该为自己储备的，就是日常生活中最不稳定的因素——金钱。

出乎意料的是，有很多人都弄不清楚自己究竟有多少养老保险金。如果是这样的话，不妨试试在网上输入相关条件进行搜索或者查看一下生日时寄来的定期养老金查询邮件。

我虽然加入国民退休金的年头很长了，但是账户里的钱却少得可怜（笑）。的确，10 万日元的存款连生活都保障不了。对于那些家庭主妇、打工者、自由职业者来说，如果没有可以依靠的丈夫或者子女，他们会觉得靠这些钱根本活不下去。

现行的养老保险制度实际上是以公务员或者常年在企业工作的高薪阶层为中心而制定的。公司职员如果本身收入就不高的话，那么获得的养老保险也同样很少。

话虽如此，如果从支付的金额出发去考虑的话，养老保险的收益率还是比较高的。

连续支付 25 年以上的养老保险金的话，支付者有权利一次性取回所有的钱（提出免除申请等情况则另当别论）。国民养老金需要每个月支付 14980 日元，这笔支出对于一些人来说可能会让当前的生活有点窘迫，但是从长远角度来看，存储养老保险金不会给自己造成任何损失。

可是，即便是有了养老保险，如果没有退休金，没有存款，没有家庭，还是会让人心里不安。虽然有了养老保险至少能让人生活下去，但是生病会让人马上就倾家荡产。住院、请看护、买药……哪一样需要的钱都不是小数目。

那么，我们到底需要多少钱来保障老年生活呢？让我们简单算一下。就按一个月需要 5 万日元来计算，30 年总共需要 1800 万日元。如果想在 20 年里存够这 1800 万日元，一年需要存 90 万日元，均摊到每个月需要存 7.5 万日元。如果要 30 年内存够 1800 万日元，那么一个月也需要存 5 万日元。

有很多人可能会认为，一个月存这么多钱有点困难。

虽然也有一些利用积蓄来进行理财的方法，但是却无法获得较大的收益。

所以，我在这里要说的是，与其在 20 年里拼命存钱，倒不如利用这 20 年的时间为自己准备一些在日后的生活中可以帮自己挣钱的条件。

你可以学习一些投资的技巧，每个月哪怕拿出一两万日元来进行投资；也可以开个学习班教授点什么，或者利用自己家开个咖啡馆；或者你还可以利用之前的工作中获得的经验，挑战一下自己一直以来都想做的某项事业。即便不被企业雇用，你可以做的事情也多得难以计数。

准备工作 10 年时间足矣，接下来就要越早投入实践越好。剩下的时间就可以让自己实战演习或者积累相关经验了。

如果学生时期是自己人生的第一阶段，工作之后的日子是人生的第二阶段的话，那么年老以后的日子就是人生中漫长的第三阶段了。

试想一下自己老了会做些什么，是不是也会觉得紧张激动呢？

我们不妨观察一下那些 60 岁以后工作依然出色的女性吧。在这个年龄段的女性中，没有固定工作的人占绝大部分。而在这些没有工作的女性当中，也有很多人努力劳动，辛勤赚钱。在她们中最让我钦佩的是现年 98 岁的摄影家笹本恒子。这位女士如今依然活跃在摄影行业中，找寻自己想要拍摄的事物，希望拍摄出理想的作品来。她独自一人生活在大城市里，随时迎接探访者的到来。

做好手头可以做到的事情，也能让自己不至于松懈下去。

想要保障老年以后的生活费用，还有一个方法。

这个方法推荐给那些单身的女性，那就是选择和他人一起住。

无论是男性也好，女性也好，兄弟姐妹也好，朋友也好……单身女性可以选择两个人一起住，也可以选择三四个人一起住。比起一个人租房子，一个人做饭，一个人支付电费，找人来和自己一起分担这些费用会更合理。这种方法在欧美各国的学生中经常被采用。

对上年纪的人来说，能有一个可以相互帮助的伙伴也会让自己更安心一些。但是，即便是两个人再投缘，也不要一直住在一起。一段时期内住在一起或者偶尔更换一下住在一起的人会更好。

有一些人随着年龄的增长不愿意和别人住在一起或者不愿意变动住所，但是对单身女性而言，最不利的情况就是老了以后没有家人没有钱。所以，为了在 20 年或 30 年之后能够顺利生活下去，单身女性们还是需要做一些相应的改变，灵活对待住所或合住者等问题，最好从现在开始就做出相应的准备。

如果和他人同住的话，那么为了老了以后能够生活得顺利，就必须主动学会帮助他人。做自己能够做到的事情帮助对方，同时从对方那里得到帮助，这样一来，人与人之间相互帮助，个体与个体之间编织出一张紧密相连的网络，保障我们的安全。

除了以上这些方法，改变自己居住的环境也是帮助自己安度晚年的方法之一。

比如，为了节省生活成本，可以选择移居海外或者搬到乡下。这其中夫妻共同迁移的情况有很多，当然，如果移居国外的话也许还有机会遇到单身女性呢。移居虽然容易，但是最关键的是移居后要入乡随俗。

我曾跟一位专家详细探讨过关于迁移住所的问题，据专家讲，在迁移住所的人当中有一半以上会在迁移 3 年内重新搬回原来的住所。

很多人在迁居以后的前两年里会努力适应新的生活，忙着招待新朋故交，到了第三年则会变得无事可做。除此之外，很多人在新的地方也会对生病或护理的问题充满忧虑，而一旦回国或回到原来的住处，又会因为老房子已经被处理掉而变得无家可归。

我也曾遇到过迁居台湾以后又中途放弃重新回国的人。

在台湾，除了台北以外，其他地方的生活费都只有日本的一半。台湾本土居民对日本人比较友好，无论从治安还是气候方面来考虑，台湾都是比较适合日本人迁居的地方。

而在台湾长期居住的日本人都是那些在台湾"有所事事"的人。在这些家庭中，有的是丈夫利用自己曾经的工作经验为一些企业做技术支援工作，有的是妻子开班教授日语或茶道、插花等课程。

　　迁居海外以后，如果能做到入乡随俗，当然会为自己的老年生活增添不少乐趣，而如果找不到自己可以做的事情的话，迁居生活也会渐渐变得无聊起来。这一点也同样适用于那些选择迁居乡下的人。

　　最后我要说的是，如果想要安度晚年的话，还需要具备一项最重要的条件——健康的身体和精神。如果失去了健康，那么不但什么事情都做不了，还会浪费很多金钱。

　　为了让自己人生的最后一个阶段充实幸福，从现在开始，就好好筹划自己的老年生活吧！享受当下，同时不要忘记为自己的老年生活做好准备哦！

生存能力

有自己的哲学

以自己的幸福为准

我们以后要过什么样的生活呢?

诚然,很多生活中的偶然,会牵引着我们的生命走向不同的方向。但是,在我们的心中还是会不可遏制地对未来的生活产生无限的遐想。

在这个世界上,企业要寻求发展需要一个重要的条件,那就是要将企业的经营理念或企业哲学潜移默化地植入员工的头脑。不仅是企业如此,每个人也需要有自己相应的生活哲学。

无论企业拥有能力多么出众的优秀人才,无论企业员工对工作多么有热情,如果企业没有核心的价值观念,那么员工的能力就无法得到充分的发挥。没有核心的价值观念,人们的心就无法凝聚到一处。只有人们的心都凝聚在一起,每个人才会尽最大可能发挥出自己的能力。

像这样的理念,在一些国家或地区就曾广泛被应用过。

台湾有一些老年人曾经接受过日本教育，当时的《教育敕语》他们如今也还记得。《教育敕语》以"朕惟我皇祖皇宗"开篇，其中包含着"孝于父母""修学习业，以启发智能""成就德器，进广公益"等道德方面的内容。学校每天都要组织学生一起背诵，因此一些老人到现在仍然记得，也由此可见这些话的影响力不小。

在宗教影响比较大的国家会用《圣经》或其他经典来传达类似的教诲。

在现代日本社会，人们的思想不再受到禁锢，这方面又做得怎么样呢？

依稀还记得我在小学时接受道德教育的情形，但是实在谈不上印象有多么深刻了。况且父母和老师教给我们的也不见得全都是对的。

而真正指引我前行的行动指南则是整个社会的"情绪"与"氛围"。例如"选择怎样的生活方式好呢？""什么样的婚姻才是最好的呢？""适合女性的生活方式都有哪些呢？"这样一种社会层面的潮流和趋势，由媒体做幕后的推手，被社会大众所追随和遵从。

"乐活""优雅范儿""结婚活动""朝活""草食系""全职奶爸""单身贵族"等作为热词，具有很大的影响力。这些词有时是由那些活跃在政治、经济、演艺圈、时尚界的大咖所推热的。

　　当有人在大众传媒或网络上对这些热词所代表的生活方式表示赞同或提出质疑时，无论是赞扬声或是批评声，一旦获得了广泛认可，出现了一边倒的趋势，再有人想说出"我不是这样想的"就很难了。这大概也是日本社会的一个特征吧。

　　这种特征在企业里也很明显。一般来说，在企业里总有这样一种氛围，就是做营业的职员应该要加班到很晚才对。而事实上，这些员工的真实想法却是"都什么年月了，我们都想早点下班回家啊！"尽管大家的想法如此，却不会有人站出来说出自己的真实想法。想要打破这样的固有氛围或者做出某种改变，那可是需要相当大的勇气的。

　　在这样的社会环境下，一部分人就会害怕自己的想法或行为和大众不一样会给自己带来伤害，所以，他们没有自己立身处世的原则，很容易随波逐流。诚然，和别人保持一致会让人感到安心。但是，一味地追随社会氛围，跟随别人的脚步行动，也会让人停止思考，会理所当然地认为这种社会氛围的确是对的。如此一来，孰是孰非，自己应该怎样做才对，甚至于自己想要的到底是什么，都会变得一片迷茫，最终只会在面临问题时摇摆不定，难以抉择。

从过去到现在，我们的兴趣爱好，思维方式，生活方式都变得越来越多样化，然而与此相矛盾的是，我们却处在一种必须与他人保持一致的社会氛围中。

和他人保持一致或许会更安全，更让人有归属感。但是，如果以个人幸福为基准来衡量这种做法的话，追随大众的脚步反而是一种危险系数更高的生存方式。所以，我们必须要有自己独有的一套生存哲学。

在现代社会，有自己所追求的生存方式，有自己的一套生存哲学才最为重要。说是"哲学"，其实并不是什么高深莫测的理论。

拿我自己来举例，我的生存哲学就是不勉强自己做一些事情，从过去的人生经历中汲取教训。

比如，我会清楚地把握喜欢做什么或做什么比较重要这种大的方向，也会习惯于有恩必报，善于发现他人身上的优点。对我而言，我的人生基本准则就是我选择的生活方式一定要让我从中感受到幸福快乐。

有了以"让自己幸福"为中心的生活准则，接下来从事什么样的工作，怎样生活，生活在哪里都不重要了。有了自己的生存哲学，顺应时代和环境，随时调整自己的状态就可以了。

　　年轻时由于缺乏经验，应对各种局面难免感到迷惘。这种时候，不妨试着用自己从书里、电影里、别人的生活里所学到的东西来解决问题吧。无论如何，这个世界上总有一些东西是合我们心意的，也总有一些东西是我们不会感兴趣的。按照自己的心意和生存哲学来取舍抉择吧，这样才能生活得更加幸福啊！

从小挑战中积累经验

丰富的想象来源于各种经验

"我什么都干不了。"

"我什么都可以干。"

在决定做一名自由写手之后，我独自来到了东京。最初的日子里，这两种想法一直在我的内心深处不断交战。

在没有撰稿工作的日子里，我尽可能地去做一切我能做的工作。那段日子里，我一个人打好几份工。当挫折重重时，我不止一次地认为，我是一个什么事情都做不好的人。相反地，当工作顺利时，我又会认为自己只要想做的话还是可以把事情做好的。在那种前途一片迷茫的情况之下，我告诉自己"我什么都可以做到"，也许只是在力所能及的范围内为自己的希望找一条生路吧。

渐渐地，撰稿的工作多了起来。

这个时候，我的想法已经冷静多了，我清醒地认识到，在这个世界上，既有我可以做到的事情，也有我没办法做到的事情。当然，这样的认识直到今天也还是没有改变。

除此之外，我还明白了一件事情，那就是"可以办到"的事情会一点点增加，其中有一些还是以那些办不到的事情为基础的。

在做各种尝试的过程中，你会逐渐判断出什么事情是自己一定可以胜任的，什么事情如果换另一种做法成功率会更高。你会知道，即便是那些最终结果并不尽如人意的工作，也包含着许多值得学习的东西。

拿商场地下卖场的食品促销员的工作来举个例子吧，这份工作的性质是向顾客提供免费试吃服务。有人在做这份工作的时候会很用心，当无法吸引人们停住脚步品尝时，当大声宣传无法引起人们的购买热情、一件产品也卖不出去时，他会逐渐摸索出跟什么样的人打招呼才能有效促销，人们会对什么样的语言感兴趣。同样，他还会发现根据商场不同营业时间的客流量以及客人层次的不同，什么样的东西会在什么时间更加畅销。

有人在做这份工作时会成为"神级促销"，当你见识到他聚集客人的能力以及销售商品的能力时，你会骤然醒悟到自己到底哪里没有做好。这些"神级促销"向客人展示食品的方法，打招呼的时机一定会与普通促销员大相径庭，他们也绝不会在促销时走任何一条多余的活动路线。

各种挫折会让人一点点积累经验，哪怕你从来没有注意到这一点，当有一天遇到一个需要这些经验的时机时，你就会发现这些经验是多么有用处。于我而言，这些经验不仅来源于写作这份工作，也来源于各种各样的工作、人际关系、日常生活甚至遇到问题时的思考方式。

在我看来，做任何一件事情都不是做无用功。

在写作工作步入正轨，撰稿工作日益增多的那个阶段，我做出了去台湾的大学读研究生的决定，希望能站在一个全新的角度来审视日本社会。虽然这段学习生活会让我暂别写作事业，但我认为学习新的知识、积累新的经验更重要。也许这种经验在短时间内的作用并不明显，但是对 10 年、20 年之后的我来说，这却是一笔重要的"投资"。

当我和教授以及同学们就日本的政治、社会、文化等方面的现象进行探讨时，我了解到了他人看待这些问题的全新视角以及全新想法，我发现了一个从未接触过的全新世界。我心里充满了各种新鲜的想法，满心激动地想要做一些全新的尝试。

各种小挑战会为我们积累各种经验，从这些积累的经验中可以生发出全新的想法，全新的想法会逐渐引领你面对更大的挑战……
像这样，"挑战→经验→新想法"构成一个正循环，你也会从中培养
出自信来。

挑战不一定要惊天动地，只是不要做一些没道理的事。

在工作中尝试挑战新的业务、接受从未挑战过的任务、学习你
感兴趣的事情、听从别人的建议大胆地去做、探访一个你从未去过
的地方、做一些没有做过的、吃一些没有吃过的、找一个新类型的
恋人（笑）。

那种你仅仅知道信息的状态和曾经经历过的状态是有天壤之别
的。而喜欢尝试小小挑战的人和墨守成规的人之间，在 10 年之前就
已经埋下了命运的种子。

如果一味考虑失败的风险，你可能会裹足不前。

但是，如果一辈子在一条安逸的道路上徜徉，年复一年、日复
一日地在一成不变的世界里过活的话，会丧失人生中更多的可能性。
我觉得，这样未免有些无聊哦。

对于那些能让我们成长的契机，我们最好不要拒绝，而是应该
积极地去面对。

无论结果怎样，这终将是属于你的经历和历练，会成为今后人

生中披荆斩棘时的那一柄利刃。

不去涉足新的领域，人永远无法产生出新的想法。

我也一样，现在和我刚拿起笔的时候相比，想法有了很多改变。正是想象力让我们得以掌握更多的技能，随着年纪的增长，我们在面对事物的时候眼睛更加聪慧清透，人生从而得以更加丰富……

我无比期待一个问题的答案——10年以后的我将以一双怎样的眼睛来审视这花花世界？而这个需要由时间来回答的问题让我乐在其中。

锻炼与人沟通的交际能力
情感沟通技能与传情达意技能

前几天，一位 30 多岁的女性对我说了这样一番话。

"实在不知道什么时候跟上司打结婚报告合适，最后我只好在网络论坛上匿名发帖求助了。"

于是乎，一些有过类似情况的人在网上给她支出了各种招数，让她好做参考。

果然，在这样的时候求助网络很靠谱呀。

如果深夜时分在网上聊天时说一句"感觉好寂寞啊！"很快就会有很多人跳出来响应"太明白这种感受了！""我也是！""你也是一个人吗？"等。

在血缘关系、地缘关系以及同事感情都日益淡漠的今天，我们也只好在必要的时候通过其他的办法来向有可能帮助自己的人求助了。时至今日，我们在生活或工作中所需要的一些窍门、常识、礼貌等都是从亲朋好友、学校老师、公司前辈的言传身教甚至是严格要求中学到的，在这个过程中，也有很多东西是他们难以言传或难以教到位的。

特别是在企业里，过去的企业也是一个纵向的"等级社会"，企业里总有一些专门扮"黑脸"的前辈，一边斥责新社员"你连个茶都倒不好吗？真没用……"一边指导他们正确的做法。而如今，企业里都是各忙各的，没有谁会专门跑来为一件事情指责谁。对那些派遣制员工或兼职员工就更是如此了，可能大家都认为跟这些员工相处的日子不会太久的缘故吧，很少有人会愿意跑来对这些员工进行过去那样的"爱的指导"。

整个社会的大环境更是如此，人们都不关心别人怎么样，即使是只有一墙之隔的邻里，也都是见面不相识的陌生人。

在这样的背景下，生活常识、工作指导、婚姻、看护、心理疏导等都需要借助网络或者专业机构等第三方平台来解决。

总之，同样是与人交流，却不再是深层次的情感上的交流，而变成了尽快解决问题或别有所图的肤浅交流。

深层次的交流中，即便是让人信赖的那部分，也会有"纠葛"存在，会让人觉得十分麻烦。而我们所掌握的信息以及所享受的服务都是有限的，这与自己的追求时常发生偏差。一个人的力量既然有限，那当我们有了想要得到的东西时，追求实实在在、简简单单、能帮你实现梦想的合理的人际关系就显得顺理成章了。

但是，仅仅依靠网络或一些专业机构就足以让我们度过本应充实多彩的人生吗？恐怕并非如此吧。如果没有周围人的提醒和支持，我们还是会遇到各种让自己感到棘手的问题的。

无论是多么优秀的成年人，偶尔也会遇到他这个年龄仍然无法解决的困惑，希望求得他人的一席箴言来解除疑惑。当我们遇到困惑时，能够提醒我们注意疏漏的部分，解决我们做不到的部分，从内心深处给予我们亲切关怀的人，往往都是生活在我们身边的人。

人际交往可以帮助我们补足金钱、时间、体力、能力、精神等方面的欠缺。在我穷困潦倒的时候，身边的好心人帮我付房租，一同打工的前辈时不时拿些蔬菜、衣服、生活用品给我。即使我没有主动向他们提出我需要什么，他们也还是给了我无微不至的关怀，让我心中充满了对他们的感恩之情。

能够为我们提供机遇的也同样是人。那种因为某个人才得救，因为某个人的帮助而改变人生的例子不是时有发生吗？事实上，在现实生活中，人际关系对我们的影响非常之大。

生活在现代社会，无论是与人深交知心还是浅交如水，我们都需要同时具备以下两种人际交往能力。同时，无论是哪一种交往形式，都应该以相互信赖为基本原则。与人深交，就应该想人之所想，相互给予温暖，这需要靠情感沟通的能力来维系；而与人浅交，注重的是彼此通过交往要达成什么目的，这就需要靠传情达意的能力来实现。

女性通常特别擅长与人进行情感沟通。妈妈们之所以能够维持很紧密的友谊，就是因为她们有着很多共同的烦恼，彼此之间有共通的感情，可以从对方那里获得认同感。同样，一旦她们在孩子或工作方面没有了共通性，她们之间的感情也会很快变得淡漠起来。

如果每天都宅在家里，或者每天都过单位家庭两点一线的生活，那么人际关系也会相对封闭。所以，我建议大家和不同领域、不同年龄阶段、不同类型的人都有所交流。主动一些，从自我做起，你会发现新的信息和新的机会不断被你吸引而来，你也终究会遇见你的有缘人。

我们尤其可以从那些正在为10年、20年之后的生活奋斗的人身上学到很多东西。他们会教给我们到了那个年龄阶段需要的是什么。同样，与比我们年轻的人相处，我们既可以用我们的经历教育他们，也可以从他们身上学到我们所不具备的东西。

在职场中，我们有时也会遇到一些自己觉得讨厌的人，与这些人相处对我们而言也是一个锻炼的机会。想想看，如果没有工作的机会的话，我们很难会遇到这样的人，也很难有机会和这样的人相处，所以说，把握机会和他们相处一定会有所收获的。

在今后的工作和生活中，我们将会和很多人在达成目标的前提下进行交往，这就需要我们具备传情达意的交际能力。在这样的交往中，我们既需要准确理解对方的要求，同时也需要具备能够明确传达出自己的需求或意见的能力。要知道，沉默是解决不了任何问题的。

如果在人际关系中没有良好的心理氛围，那么与他人交往就很难继续下去。这在一些因某种原因才聚合在一起的人群中体现得更为明显。我们需要互相确认好彼此的目的，这其中做出必要的妥协也非常重要。也就要求我们为了适应这种人际交往而必须在日常生活中不断练习、不断适应。

人际交往这件事并没有捷径存在，只能通过不断的实践而习得。你现在为自己所构筑的人际关系将在 10 年、20 年以后给你带来深远的影响，而今的一念之差到了未来可能会让你的人生大为改观。

与人为善，吃亏是福

习惯帮助他人必将成就自己

在此之前我已经提到过，现代社会越来越注重人的个性化的发展。每个人在对自己负责的前提下，可以为自己的人生做出多种多样的选择。这样一来，每个人都可以按照自己的价值观和选择过自己想过的生活。这当然是一件好事，但是我在这里想与大家探讨的却正好与此相反。

个性化发展的结果之一，就是人们越来越认同"只要管好自己的事情就可以了"这种做法。大部分人对他人的事情漠不关心，认为自己没有钱，忙到没有时间，压力太大，根本没空管别人的事。人们每天拼命努力只是为了保住自己的饭碗，维系自己的生活，满足自己的各种欲望。由于人们只考虑自己的事情，所以人们在集体生活中遇事绝不出头，绝不允许自己站在风口浪尖，认为这才是明智之举。

这样发展下去的恶果就是，人们都认为只要对自己有利就好，为此不惜牺牲他人的利益。轻轨里眼前明明站着老人也没人让座，遛狗时任狗随地大便也不愿收拾，工作中把自己的工作强加于人，甚至是随意欺负人……

如果人们还有不希望别人看到自己的阴暗面的想法，那么做事时多少还会为自己留点余地。一旦人们不再顾忌他人对自己的看法，认为别人怎么看自己都无所谓的话，那么这个世道就真的变得不像样了。

举一些比较极端的例子吧，那些针对毫不相识者的犯罪，专门对老年人进行的诈骗等，都是"只要对自己有利就好"这种想法最极致的体现。

在一个家庭中，如果人人都以自己为中心，只考虑自己的话，那么家庭生活将会永无宁日，围绕金钱问题发生争吵、家暴、出轨、放弃对孩子的监护、不赡养老人等问题将会层出不穷。缺乏家庭成员无私付出的家庭根本无法维系。大多数不幸福的家庭，都是由一个自私、不成熟、只顾考虑自己的人为了自己的利益而牺牲家庭所造成的。

在人际关系中，虽然互惠互利的双赢关系是交往的基础，但是如果不管多么亲近的关系都以此为基础进行交往的话，那么这种亲密关系就会演变为一种"交易"。

几天前，一位日本朋友对我说："不久前生孩子的时候，一位一直都很关照我的台湾老爷爷给我送来了贺礼。考虑到台湾的物价，这份礼物着实不便宜，我觉得还是尽早还礼比较好吧，或者送一个价格相当的礼物给他。"

我的回答是："只要你一句感谢的话就能够充分传达你的情意，那么其他的做法都是多余的啊！"

在台湾人看来，能为别人做些什么本身就是一件让自己快乐的事情。这样与其说是为别人，倒不如说是为了自己。也许在他们眼中，给心存善良的自己的最好褒奖，就是能够对他人有所贡献吧。在东日本大地震的时候，台湾人民捐助的赈灾款高达200亿日元。能捐出这么多的赈灾款，一方面是由于台湾人跟日本人的关系一直比较友好，另一方面也是由于台湾人比较认同"为有困难者提供帮助是天经地义的"这种想法。所以，在台湾人看来，对自己的朋友好是不需要回报的。

我也曾亲身感受过台湾人的这种热情。在台湾读研究生的时候，我曾为不会登录学校的授课系统而苦恼不已，而我身边的同学非常有耐心地帮我解决了这个问题。

　　无论在怎样的场所，无论帮助什么人，这些台湾同学总是笑眯眯的。最难能可贵的是，他们会非常在意帮助他人时的方式，不会让接受帮助的一方感觉到丝毫的尴尬和压力。在这一点上，美国的女大学生就显得比较冷漠了。如果关系不那么亲密的人拜托她们做英语翻译时，她们就会反问对方："那你给我什么好处呢？要与我的付出等价才行。"我不是说她们不亲切，而是在她们看来，互惠互利才是人际交往的基本原则。

　　日本人也是如此，受了别人的恩惠，就一定要想尽办法等价还回去。

　　所以日本人在想要别人帮助自己的时候总会犹豫不决。比起所获得的帮助，很多人考虑更多的是今后要怎么把这个人情还回去。其实这种想法大可不必，无论是在获得帮助的时候还是给予他人关心的时候，我们都应该看淡一些。

　　给予别人帮助后，即使没有任何回报，我们也应该想着"帮助别人、快乐自己"或者"能让别人喜悦就是自己最大的幸福"。这样一来，我们既会被激励着继续帮助别人，又能让自己收获美好的心情。

　　帮助他人，不在事情的大小。你可以为迷路的人指一条正确的路，可以在单位主动承担起倒垃圾的工作，可以帮助遇到困难的人，可以为别人的工作提供支持，可以帮忙照顾朋友的孩子，可以协助同事寻找举办年会的会场……环顾我们的四周，我们可以做到的事情不胜枚举。

持续做一些力所能及的帮助他人的小事，一定会为我们的生活带来很大变化。帮助别人会让我们自己心情愉悦（笑），人性也会得到升华。通过帮助他人，同样类型的人会聚集在一起，人与人之间会充满温情，你也会成为其中不可或缺的一分子。在帮助他人之后，即便你没有收到最直接的回报，总有一天，在你需要的时候，也一定会有帮助你的人出现。

以 10 年为期，在这 10 年中习惯于向他人提供帮助的人和不愿意帮助他人的人之间会产生一条巨大的鸿沟。10 年之后，高下立判。

这种小的恩惠，会像存钱一样积攒起来。而就在你几乎快要忘记它的存在的时候，说不定就会回来报答你。

人只有认识到自我的重要性才会珍惜身边的人。

以己之力，博人之悦，不亦说乎？

所谓"日行一善"，就从今天开始吧。

做好现在，展望未来
一成不变的生活方式无法开拓未来

我想你可能听说过"人生时刻"，一般认为这个"人生时刻"的计算方法是这样的：用你的真实年龄除以 3，结果所得的数即代表你所处的时间点。例如，如果是一个 30 岁的人，那么 30÷3=10，这个人的"人生时刻"就是早上 10 点钟，这个时候正是一天的好时光；如果是一个 60 岁的人，那么 60÷3=20，也就是晚上 8 点钟，这个时间正是我们休息放松的时间，也就意味着 60 岁可以进入享受人生的阶段了。

不过，如果按照这个算法来计算的话，那么 72 岁就相当于 24 时，不就意味着人生的结束吗？在人均寿命都有所增长的今天，我们的平均寿命要远超过 72 岁，特别是女性的寿命更要长一些，我就认识好几位活到 96 岁依然乐此不疲地为生活找乐子的女性呢。所以，我认为不妨在计算人生时刻时用实际年龄除以 4，这样算来，我很快就会迎来阳光普照的午后时光，接下来还会迎来自由惬意的晚餐时光。

　　而晚餐丰盛与否，不正取决于你在晚餐前的一段时间里做了怎样的准备吗？

　　有人认为，不要为未来考虑太多，努力活好当下，自然会为今后的人生拓宽道路，这种想法的确有道理。在这个基础上，如果我们能将人生的时间当作一个整体来考虑，想到终有一天你所希望的事情会实现，那么你就会将现实与未来联系在一起，过好今天，为未来努力。

　　10年以前，我还是地方报社的一名派遣制员工。那个时候，我的梦想就是有一天可以一边旅行一边工作。"这一天什么时候才能到来呢？"对那时的我来说，这个梦想简直远在天边遥不可及。

　　作家村上春树以自己在希腊和意大利的旅居生活为素材创作了散文集《遥远的鼓声》（讲谈社出版），我也曾希望自己有朝一日能够像他一样亲身感受世界各地的风土人情，用手中的笔将所感所悟记录下来……当然，那个时候这个梦想对我而言仅仅是梦想而已——我既没有实现它的能力，也没有实现它的自信和具体的计划。

　　那之后，我经历了一段打工生活后，努力成为了一名自由写手。即便在我成为自由写手的时候，我依然没有闲暇时间来考虑自己这个算得上是"野心"的梦想。我只是竭尽所能地工作，努力完成一个又一个接踵而至的工作任务。

就这样，我慢慢开始自己写书，做演讲，开摄影展……去年，当我在希腊的一间酒店里写手稿的时候，我忽然察觉到，这样的生活状态，不正是 10 年前的我梦寐以求的吗？这种感觉就好像是我乘着梦想之舟随波漂荡，经历过这样那样的漂流，蓦然回首时，才发现自己早在不经意间就已抵达了梦想的彼岸。

如今，我又有了新的梦想，对目前的我来说，这又是一个遥不可及的梦想。但是我相信，只要我努力做好当下的事情，总有一天会实现我的新梦想。

当然，实现这个梦想不仅仅要靠我自己的努力，同样还需要他人的支持，合适的时机以及好的机遇，完善的信息……只有在多方面有益条件的共同支撑下，我的梦想才能开花结果。

这个世界上没有什么事情是绝对的——只有一个例外，那就是如果你不为自己描绘一张梦想的蓝图，你永远也不会实现自己的梦想。

我认为，在设立自己的人生目标时，长远目标可以设置得相对模糊一些，而近期目标一定要清晰明确；长远目标可以把标准定得很高，近期目标则一定是要看得见摸得着的通过努力就可以实现的。

近期目标最好只确定一个，定好以后写在纸上，贴在桌上自己每天都能看得到的地方，随时让自己思考这个目标如果实现会出现怎样的结果，怎样才能实现这个目标。想好以后，落实在日程表中，去实行就可以了。做这个计划，并不是要计算好今后的每一步都如何走，而是要保证让我们在遇到意想不到的阻碍时还能够坚定不移地朝着目标前进，能够对当下的时间有所规划。

完成了一个目标，接着再制定下一个目标。完成一个，再制定一个……通过实现一个又一个我们力所能及的目标，我们会发现自己已经从最初的出发地开始向前移动了很远的距离。

每一天，都是一次奔向终点前的冲刺。

有了目的，你自然也会拿出全部的精力以最卖力的姿态投入其中。

在女人的一生当中，有若干个阶段。

耕耘、播种、成长、收获……有人始终都在不断成长，也有人一生几度收获。

工作，为了养育子女投身家庭，开始别的事业，努力照顾父母。同是身在职场，也未必能始终保持一样的状态：有时会变动岗位，有时会改换工作，还有时会成为管理层。身为单身女性，也许会遇

———

到很多次转机。而身处不同的年龄阶段，可以做的事情也会变得千差万别。

像享受四季变换一样享受人生的不同时期，这也是女性应有的人生态度。

我们既要懂得从高处俯视自己的人生，也要懂得立足眼前努力实现自己的人生，唯有如此，才能让自己的人生精彩纷呈，绽放出绚烂的花朵。

最后我想补充的一点是，要注意从各个方面完善自己的经验，这样才能取得更好的结果。

在过去的某个阶段，你所意外获得的某种经验或学到的某些知识一定会在某个不经意的瞬间为你带来意想不到的惊喜。

我们能够从工作中获得技能、知识、信息以及处理人际关系的方法等与工作相关的能力。不仅如此，做家庭主妇积累的经验、养育孩子积累的经验、做家长联合会成员的经验、做志愿者的经验等都会对我们的人生有所帮助。只是，我们很多人还不懂得如何运用这些经验，即使是变动了工作环境，更换了工作内容，也还是抱守着一种固定的模式工作。

生活方面也是如此。多种多样的经验能够让我们的生活更加丰富多彩。然而环顾身边，很多人明明拥有旁人难以企及的丰富经验，却不懂得运用这些经验做出改变，反而甘于平淡的生活。

总认为自己没有年龄优势，没有学历，没有经验，没有钱，没有时间，没有一技之长……过度执着于自己所不具备的东西，浪费自己本身具备的优势，最终将会连自尊都一并失去。

认清自己眼前的现实，我们将会发现自己其实具备了很多非常有价值的东西。

真正意义上的自立，是懂得将自己所具备的品质磨砺得更加优秀，然后在一个平等的立场上与他人交往，大大方方地告诉对方我可以贡献的东西都有哪些，剩下的可以请对方协助完成。

这个分分钟都日新月异的时代，对每个生活于其间者的要求都在不断发生着变化。除非你有特异功能，否则你绝不可能永远都停在原地一成不变。

有人不惧怕任何新的变化，敢于在变化中不断探索新的可能，勇于迎接一切挑战；有人墨守成规不愿接受新事物，认为自己能力有限，无法面对新的挑战。这样的两种人，10 年之后，人生状态将会完全不一样。

说到这里，为了防止读者们误解，我要补充一句，我并不是要让大家什么事情都必须会做，什么事情都必须去做。

　　每个人都有自己的不足之处。而人生在世，就是要努力发挥自己的长处，不断锻炼提升自己的能力，不断为自己做一些新的选择，让自己的人生在变化中日益完善。

　　一直专注于一件事情容易让人视野变窄，思维凝固。所以，我们需要在感知到变化来临时灵活调整自己的生活状态。

　　"我只会做这一件事情"，抱着这种想法的话，长期下去就会变成"我只想做这一件事情"。工作也好生活也罢，大多是由每个人都能胜任的小事所积累而成的。如果你打算在今后把自己推向一个更广阔的天地，那么你就应该让自己多学会一些东西。

　　想要让自己的生存能力变得更强，我们只能不断迎接各种小的挑战，积累各种各样的经验。即使你所做的每件事都是重新开始的，你之前所获得的经历、有过的想法也不会因为新开端的出现而消失。你所努力获取的经验非但不会因为人生阶段的改变而变得无足轻重，反而会对你的人生有所助益。

　　在自然界中，较之形式单一的生物群，往往都是种群繁多、呈现出多样性的生物群体最终存活下来。

　　在环境发生重大变化时，形式单一的生物群要么生存要么毁灭，只能二选其一，全军覆没的可能性也不是没有。而呈现出多样性的生物种群则多出了若干可能性，无论环境怎样变化，总会有存活下来的种群。它们应对环境变化的能力更为强悍。

多样性使生物得以存活，人类社会又何尝不是如此呢？

后记

如今，不仅仅是四五十岁的女性会有中年危机，很多三十来岁的女性也在面临着跳槽、离婚等生活中的危机和挑战。生活受挫，举步维艰。

女性会陷入这样不安的困境之中，在我看来有两个重要原因：没有规划好未来以及对自己没有自信。

明知自己已被时代落在了后头，明知未来充满变数，却始终不愿改变。这种以不变应万变的举动貌似最有安全感，实际上，只要认真考虑一下未来 10 年甚至更久以后的人生，你应该不难理解，"原地踏步"其实才是风险系数最高的生存方式。

有些女性仍然怀揣旧的观念，认为丈夫只要好好工作到退休，那么两个人无论如何也能靠着退休金活下去。但是事实上，如今已经不再是依靠家人或退休金就能安然度日的时代了。

在人类寿命得以延长的今天，许多女性也许会一直活到八十几岁甚至九十几岁。

　　想要一生都活在光明与幸福之中，就应该充分考虑未来，不断修正轨迹，选择更有利于自己的人生方向，积极应对改变带来的挑战。也许只有这样，人生才会少一些不必要的危险，也会更加快乐。诚然，偶尔的改变也会带来风险，会耗费我们的精力，但若以长远的目光来看，改变或许才是让我们的未来更加美好的不二法门。

　　反之，如果需要改变之时踟蹰不前，害怕面对一切风险，畏首畏尾，觉得自己处在现在的状态就挺好，那么在今后的人生中一定会后悔莫及。

　　比起年轻时要承担的风险，年老以后的风险会给我们造成更大的负担。

　　在这个日新月异的时代，众多的选择摆在我们眼前。有时我们会觉得既定的选择会有一些问题，有时会觉得自己可能选错了方向。二三十岁的时候想要决定自己的人生方向的确是一件非常困难的事情。

　　时而快一些，时而慢一点，人生的漫漫长路上我们最好能够不断调整自己的速度。

　　无论结果如何，我们都能通过自己的修正让情况好一些，自己也能得到成长。通过这样的方式持续前进，又何尝不是对我们自己的选择负责的一种方法呢？

　　所以，为了让今后的生活更安稳，就从现在开始不断积蓄自己的力量吧。

如果我们能够积蓄足够的能力和意志力，丰富我们的生存手段，今后可供我们选择的范围会更为宽广，我们的希望会更容易开花结果，生活也会变得更加轻松简单，今后人生中的选择似乎也不那么容易出错了。

人生着实不易，让我们随着年岁的积累享尽世间快乐吧！